공간디자인의 미래비전 연구를 지원해 주신
영림임업(주)에 깊이 감사드립니다.

공간
디자인
하기

·

공간
디자이너
되기

목차

| 프롤로그 |

| 공간디자인 하기 |
공간디자인 ?
공간디자이너 ?

| 공간디자이너 되기 |
공간디자인의 길
공간디자인의 미래

| 에필로그 |
| 참조 |
| 저자소개 |

프롤로그

| 권영걸 |

공간디자인의 원년은 1990년. 그때까지 그것은 관습적인 디자인 분류표에 없던 영역이다. 디자인의 세기말 현상은 유기성을 잃어버리는 지점까지 스스로 끝없이 분화하는 것이었다. 공간디자인은 20C 전문가들이 쪼개 놓은 디자인영역들을 꿰어 관통하는 이데올로기로 태어났다. 그것은 스스로 초래한 위기의 디자인을 살리기 위해, 디자이너라는 직업이 살아남게 하기 위해, 21C 통섭의 시대정신을 기초로 재정의된 대안적 디자인이다.

| 김주미 |

시간의 화살은 디자인, 디자이너의 변화와 혁신을 수반하며 우리로 하여금 끊임없이 스스로를 규정하고 재정의 할 것을 요구한다. 그리고 공간디자인에서 영역간의 통섭과 연결 프로세스는 가속화 될 것으로 예상된다. 이 책은 공간디자인 그 자체가 복수적이며 혼성적 특질을 갖고 있음에 주목하였다. 이러한 변화 속에서 공간디자이너는 어떠한 관점과 능력을 가져야 되는가? 어떠한 역할과 기능들을 수행할 수 있는가? 이에 대한 생각의 지도, 가능성들을 제시한 것이다.

| 장기윤 |

미래는 막연하게 기다릴 수도 있지만 준비할 수도 있다고 여긴다. 이 책은 특별히 공간디자인을 전공하는 학생들이 디자인의 미래를 개척하고 동시에 당당한 역할을 하기 위해 요구되는 내용으로 구성하였다. 이를 위해 학생들이 무엇을 준비하고 쌓아가야 할 것인가의 근본적 문제에 대하여 곰곰이 생각해 볼 만한 내용을 제시하였으며 전공 학생뿐만 아니라 디자인 전반, 나아가 모든 학생들에게 '사고'의 중요성을 일깨울 것이다.

| 채정우 |

디자이너의 능력은 '구체적으로 상상하는 것'이다. 좀 더 다양한 가능성을 상상하기 위하여 제반의 지식이 필요하다. 좀 더 구체적으로 상상하기 위해서는 연필과 종이, 때로는 컴퓨터의 도움을 받을 수 있어야한다. 어떠한 방법으로 문제를 해결하고 대중들에게 쾌적한 경험을 갖게 할 수 있는지도 상상할 수 있어야 한다. 이 책은 공간디자이너로서 상상하기 위하여 준비해야할 항목들을 담고 있다.

| 이지영 |

지금 인류의 모든 지적영역은 융합과 세분화라는 지각변동을 겪고 있다. 이러한 양극단의 변화 속에서 공간디자인은 어디에 위치하는 것일까? 그리고 근미래 공간디자이너의 활동은 어떻게 변화해나갈 것인가? 우리가 의도한 것은 바로 이러한 지각변동의 내부에서 공간디자인과 공간디자이너를 구별해내고, 그 지도를 다시 그려보는 것이다.

01
공간디자인?

공간디자인 하기

01
공간
디자인
?

01
패러다임 전환
Paradigm Shift

패러다임 paradigms 은 일반적으로 인정되는 과학적 성취를 의미하며, 그것은 어느 기간 동안 전문가 집단에게 모형문제 models problems 와 해답 solutions 을 제공한다. 패러다임은 특정 집단 구성원들이 공유하는 신념 beliefs, 가치 values, 기법 techniques 등의 전체 구성체를 지칭한다.[1]

Thomas Samuel Kuhn

디자인 사고는 일종의 시대언어, 패러다임으로 존재한다. 그 시대마다 새로운 디자인 패러다임과 양식, 사조, 사상과 방법들이 계속 출현하고 있다. 이것은 고정되어 있는 것이 아니라 또 다른 변환을 향해 계속 움직이는 과정적 구조로 진화적 속성을 갖는다.

자연인식에 대한 물리학적 전환, 즉 패러다임 전환은 예술, 디자인 등 전 문화현상에 까지 심대한 영향을 끼치고 있다. 특히 자연과학적 패러다임은 디자인 사고방식을 제공하며, 공간과 시간에 대한 물리학적 정의는 인간과 환경에 대한 태도를 형성하는데 중요하게 작용한다.

과학철학자, 쿤 *Thomas Samuel Kuhn : 1922-1996* 에 의하면, 일반적으로 과학자들이 공유하는 새로운 지식과 관점은 기존 지식의 지속성이나 발전이라기보다 패러다임 전환 *paradigm shift* 으로 불리는 불연속적이고 혁명적인 단절을 통해서 일어난다고 보고 있다. 패러다임은 '어떤 과학자 사회가 공유하고 그 과학자 사회가 적합한 문제와 해결책들을 규정하는데 사용하는 과학적 지식으로 모형 *models*, 범례 *examples* 라는 용어로 대체시킬 수 있다. 이러한 과학적 지식은 미래 예측을 도와주는 틀로 그것의 가치는 예측 능력에 있다.

오늘날 디자인은 모더니즘이란 이데올로기로 귀결시켰던 전 시대의 구조와는 달리 불확정적인 인식체계와 빠르게 변화하는 사회문화구조, 기술의 발전과 함께 더욱더 복잡성이 증가될 것이다. 이제 모든 문화예술형식 및 디자인 영역에서의 독자성, 유일성, 단일성, 순수성 등의 특성은 급진적으로 분해될 것으로 보인다.

따라서 우리 시대는 미래 공간디자인 패러다임과 공간디자이너의 역할 그리고 교육방법에 대한 새로운 가치와 질서를 필요로 한다. 오늘날 디자인분야에서 관찰되어지는 카오스적 양상과 불안정성을 자연과학적 패러다임 안에서 이해하고, 이를 통해 미래 공간디자인의 본질을 재정의하는 것이 필요하다. 역동적으로 변화하는 시대적 전환점에서 공간디자이너는 어떠한 세계관을 가져야만 되는가? 종래의 신념, 가치, 태도에 대한 전체적인 보정과 함께 대대적인 변화가 요구된다.

01
패러다임 전환
Paradigm Shift

- 01 -

비선형성 · 반환원주의
Non-linearity · Antireductionism

20세기 지배적인 디자인사고는 합리성에 근거하여 구체적 실제를 귀납적으로 환원하려는 환원주의 *reductionism* 에 기초한다. 이 개념은 데카르트 *Rene Descartes :1596 -1650* 인식론의 중심개념으로 아무리 복잡한 현상의 다양한 국면도 결국은 작은 단위로 나누어지며, 그 단위를 최소단위까지 나누어서 환원하여 보면, 그 진상이 아주 선명하고 간략하게 드러나게 된다는 것이다. 이러한 기계론적 세계관은 모든 물질 체계를 물리적, 화학적 구성요소들 사이의 상호작용 하는 행위로 환원하는 것으로 필연적으로 모든 현상을 인과율의 선형적인 과정으로 보게 하였다.

그러나 새로운 비선형성, 복잡성에 이르는 과학의 새로운 이론은 기본적으로 고전과학의 기계론과 환원주의적인 사고방식에 대한 비판에서 출발한다. 비선형 이론은 이러한 문제를 해결하기 위해 선형이 아닌 비선형, 부분이 아닌 전체, 기계론이 아닌 유기체론, 환원이 아닌 연결을 통해서 사물을 인식하려는 과학의 새로운 흐름이다. 따라서 오늘날 세계가 완전 합리성과 환원적 사고방식에서 벗어나려는 세계관을 요구하고 있다는 점에서 비선형 패러다임은 여러 분야의 경계선을 가로지르며 폭넓은 적용가능성을 제공하고 이를 기초로 다양한 지식의 종합이 예견된다. 이러한 자연과학적 패러다임은 새로운 디자인 사고와 방향을 제공하게 된다.

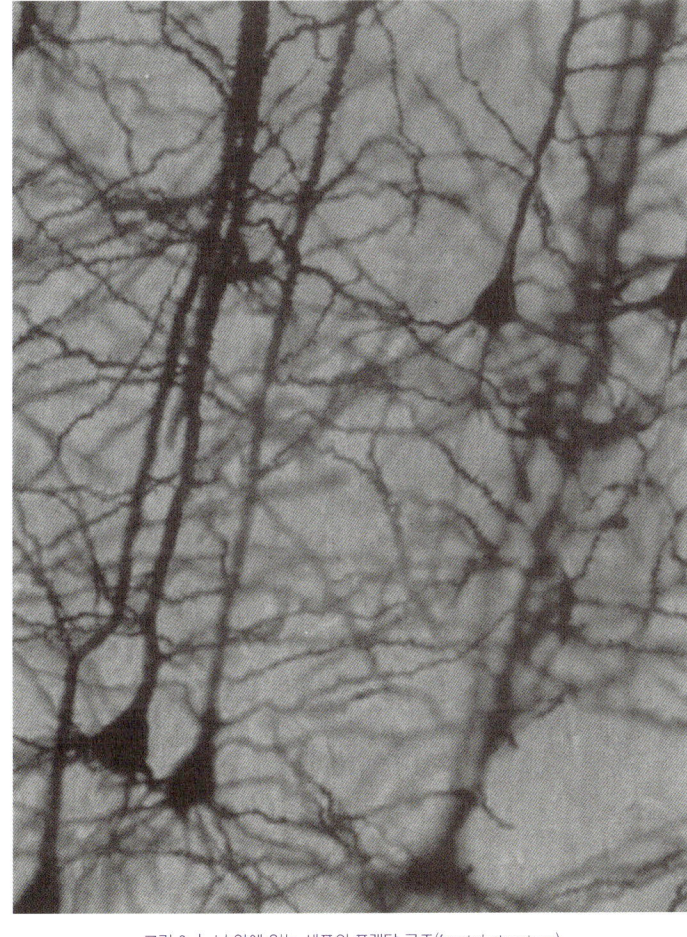

그림 2 | 뇌 안에 있는 세포의 프랙탈 구조(fractal structure)

01
패러다임 전환
Paradigm Shift

- 02 -

시스템적 관점 · 시스템적 생명관
Systems View · Systems View Of Life

시스템은 '상호작용하는 부분으로 구성된 실체'로 정의된다. 시스템적 관점은 끊임없는 상호작용을 통해 서로가 서로를 붙들고 있는 복합적 과정이라는 개념과 연결되며 모든 현상들이 근본적으로 상호의존하고 있음을 강조한다.

생명시스템은 관계론적 *relational*, 시스템적 *systematic* 존재로 자기생성적 네트워크이다. 이는 각 구성요소가 다른 구성요소의 생성에 기여하는 네트워크 패턴임을 의미한다. 이런 관점은 생명시스템, 커뮤니케이션 네트워크로 정의되는 디자인영역에까지 확대 적용될 수 있다. 디자인은 그것만으로 독립적으로 정의할 수 없으며 시스템의 특성에 의존해서 정의될 수 있기 때문이다.

따라서 디자인은 어떤 형식으로든 살아있는 생물학적 시스템과 사회문화 시스템을 다루고 있기 때문에 데카르트의 기계주의적 세계관이 아니라 생명 자체를 중심에 두는 시스템적 생명관에 기초해야 한다. 이와 같이 생명, 시스템 개념은 미래 디자인 변화에 대응하는 디자이너의 새로운 역할과 기능 그리고 새로운 디자인 시스템의 생성과 변화를 이해하기 위한 근거를 제공한다.

그림 3 | 거미줄(spider's web)

01 패러다임 전환
Paradigm Shift

- 03 -
시간의 비가역성 · 비평형성 · 복잡성 · 확실성의 종말
Irreversibility · Disequilibrium · Complexity · The End Of Certainty

    고전적인 관점에서 자연법칙은 확실성을 의미한 것으로 자연을 단순히 결정론적 법칙에 순종할 수밖에 없는 기계장치로 여겼다. 인과의 법칙에 따라 초기 조건이 주어지기만 한다면 미래를 확실하게 예측할 수도 있고 과거로 돌아갈 수도 있다는 것이다. 시간의 존재를 부정하는 것으로 미래와 과거가 대칭적으로 똑같은 역할을 한다. 다시 말하면 시간의 방향성 *arrow of time* 이 가역적 *reversible* 이게 된다.[2]

    그러나 19세기말 열역학 이론과 카오스 이론의 창시자인 일리야 프리고진 *Ilya Prigogine : 1917- 2003* 의 비평형열역학에서 소개된 자기조직화 *self-organization* 와 무산구조 霧散構造 *dissipative structure* 개념에 의해 시간의 대칭성 붕괴와 비가역성이 입증되었다. 시간의 방향성은 계속 앞으로 진행되는 비가역적 과정 *irreversible processes*, 즉 반대로 가는 시간의 반전이란 있을 수 없다는 것이다.

프리고진은 이 세상이 모든 구조를 기계와 같이 정태적이고 안정된 평형구조와 그와는 반대로 불안정 속에 변화하는 비평형구조, 무산구조로 구분하고 있다. 비평형성은 고립시스템 *isolated system* 이나 폐쇄시스템 *closed system* 에서는 발생되지 않으며 개방시스템 *open system* 에서만 발생된다. 비평형성은 외부적 영향, 즉 물질과 에너지의 계속적인 교환을 촉진시켜 열역학적 균형에 도달하는 것, 즉 파멸을 막게 된다. 복잡성이 증가된 상태에서 질서와 안정성을 유지하기 위해 복잡계 스스로가 무질서, 엔트로피를 계속해서 소멸, 무산시키게 된다. 이러한 무산구조의 핵심은 그 구조가 질서화 *ordering* 를 위해 스스로를 복잡성의 상태를 유지한다는 점이다. 구조의 비평형성은 계속적인 변형과 새로움을 창출하게 되는 원인이 되며 시간이 중요한 역할을 한다. 따라서 생명현상은 비평형의 우주에서만 가능하다고 할 수 있으며 생명의 특성은 평형에서 비평형으로, 단순성에서 복잡성으로 이동하는 것이다.

복잡계는 무산구조 즉 흩어지는 구조이다. 단순계와 반대되는 복잡계의 특성은 전체와 부분이 상호작용하여 협력하면서 그 구성성분들이 끊임없이 변화하게 된다. 또한 다른 구성성분들에 의해서 계속 변형되고 대체되는 다중적이고 상호연결된 네트워크를 형성한다. 이러한 부분들의 연결관계를 중요하게 생각하는 복잡계의 연구에는 유기적, 전일론적 견해가 더 적절하며, 전통과학과는 다르게 유동성, 다수성, 복수성, 연결성, 이종성, 탄성을 강조한다.

01 패러다임 전환
Paradigm Shift

　　시간의 비가역성은 자연이 결정론적 법칙으로 예측할 수 있는 확실성에 근거한다기보다 우연 *chance* 에 의해서 일어날 수 있음을 의미한다. 왜냐하면 시간을 수반하는 모든 시스템은 시간의 흐름 속에서 계속적인 변화를 생성하고 그 변화는 또 다른 법칙을 생성시키기 때문이다. 따라서 시간을 수반하는 공간디자인 시스템 또한 환원적이고 정적인 구조가 아닌 비평형성, 개방성을 기초로 한다. 이런 의미에서 디자이너의 역할과 기능도 안정된 평형구조가 아니라 끊임없이 변화하는 비평형 과정으로 살아있는 시스템 *living system* 의 한 예가 된다.

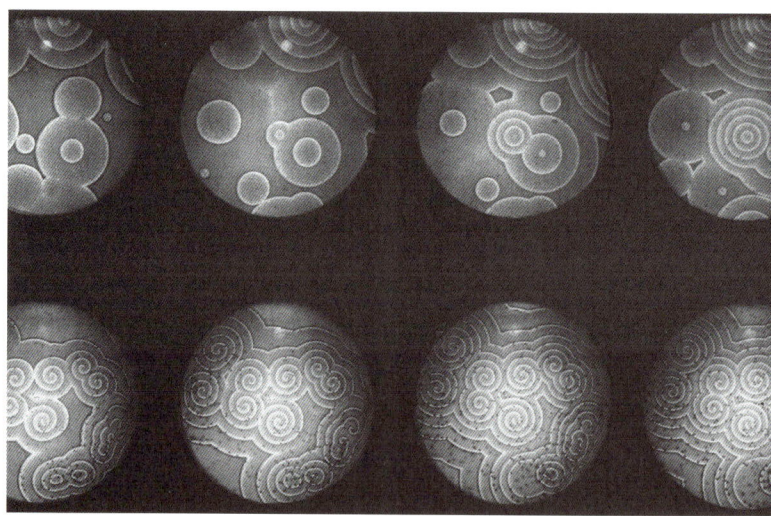

그림 4 | 벨루소프 자보딘스키 반응(Belousov-Zhabotinskii Reaction), 자기조직화를 통해 안정된 패턴을 형성해 가는 화학반응과정

그림 5 | 베나르 셀(Bénard cell),
열을 가하면 자기조직화(self-organization)를 통해 질서있는 육각 패턴을 보여주는 무산구조의 예

02
새로운 디자인 패러다임
New Design Paradigm

02
새로운 공간디자인 패러다임
New Space Design Paradigm

- 01 -

포스트모던 사고
Postmodern Thinking

공간디자인을 이해하는데 무엇보다도 중요한 것은 모더니즘의 골격이 어떻게 변모하고 있는가를 파악하는 것이 필요하다. 왜냐하면 포스트모더니즘 형식의 특성과 공간디자인은 그 맥락을 같이하기 때문이다. 포스트모더니스트들의 모더니즘에 대한 이해는 '순수성 *purity*'이란 용어에 집약된다. 모더니즘의 순수성은 회화, 조각, 건축이 서로 구분되고 예술은 철저히 그 내부에만 존재하는 것을 의미한다. 따라서 각각 분화된 예술은 하나의 코드 혹은 성격을 가지며, 그 코드가 드러나고 그것과 관계없는 것이 본성에서 제거될 때 예술은 진보한다고 보는 본질주의 *Essentialism* 의 입장이다.[3]

모더니즘 예술의 바탕에는 예술가 개인의 주관적 경험을 중시하는 개인주의적인 관점과 장르간의 환원적 특성이 자리 잡고 있다. 그러나 포스트모더니즘 예술은 전성기 모더니스트들의 미적 형식과 순수성, 고유성, 그리고 예술과 삶, 사회를 분리하는 위계적 이원론을 부정하는 입장

단순계 Simple System	복잡계 Complex System
선형성 Linearity	비선형성 Non-linearity
규칙성 Regularity	비규칙성 Irregularity
예측성 Predictability	비예측성 Unpredictability
가역성 Reversibility	비가역성 Irreversibility
안정성 Stability	불안정성 Instability
평형성 Equilibrium	비평형성 Non-equilibrium
단순성 Simplicity	복잡성 Complexity
연속성 Continuity	불연속성 Discontinuity
완전성 Completeness	불완전성 Incompleteness
확실성 Certainty	불확실성 Uncertainty
폐쇄계 Closed system	개방계 Open system
환원론 Reductionism	전일론 Holism

표 1 | 공간디자인 패러다임 전환(Paradigm Shift)

을 취한다. 하나를 다른 하나로 부터 차별하는 것에서 벗어나 탈경계화하려는 생태학적 개념으로 가는 것이라 할 수 있다.[4]

이러한 맥락에서 공간디자인은 모더니즘 예술이 지키고자 했던 예술만의 고유한 경험 영역이라는 순수성을 부정하는 태도로 집약된다고 볼 수 있다. 공간디자인은 전통적인 의미에서의 회화, 조각, 건축처럼 어떤 일관성 있는 매체적 기능적 틀을 가진 개념이 아니다. 그리고 과학적 패러다임의 전환, 시스템적 사고, 환경사상, 생태학적 자각 등 유기론적이고 전인적인 사고방식과도 무관하지 않다. 최근 비선형성, 불확실성, 가능성, 시간의 비가역성이 강조되는 자연과학 연구와 더불어 공간디자인이 갖는 전일성, 과정, 개방성, 관계성, 상호텍스트성 등의 다양한 의미들은 많은 시사점을 준다고 볼 수 있다. 따라서 새로운 공간디자인의 개념은 동시대의 철학, 과학 등의 패러다임과 그 맥락을 같이하고 있다.

| 02 새로운 디자인 패러다임 |
| New Design Paradigm |

- 02 -

인터미디어
Intermedia

공간디자인은 그 자체가 복수적 이며 혼성적 특질 *hybrid quality* 을 갖고 있으며 영역과 영역간의 경계를 소멸시키는 인터미디어 특성으로서 존재 한다. 최근 공간디자인은 점점 다양한 매체, 영역이 섞인 것이 아닌 그 사이 제3의 영역, 즉 경계적인 것, 인터미디어적으로 발전하고 있다. 다시 말해 과거 종합예술, 총체예술 *gesamtkunstwerk, total art* 과는 다르게 새로운 제3의 장르를 창출하고 있는 것이다.

후기구조주의자인 들뢰즈 *Gilles Deleuze : 1925 - 1995* 와 가타리 *Pierre-Flix Guattari : 1930 - 1992* 는 이러한 비중심화되고 경계사이에 머무는 지식을 분열자적 지식 혹은 노마드적 지식이라고 설명하고 있으며 공간디자인도 이러한 열린체계로서의 사유를 함축하고 있다.[5] 이러한 공간디자인의 인터미디어적 특성은 하나의 예술형식과 다른 하나의 예술형식 사이에 구분을 없애는 것으로 오늘날 다원주의적 형태로 발전하고 있는 디자인의 시대적 감수성을 나타내고 있다.

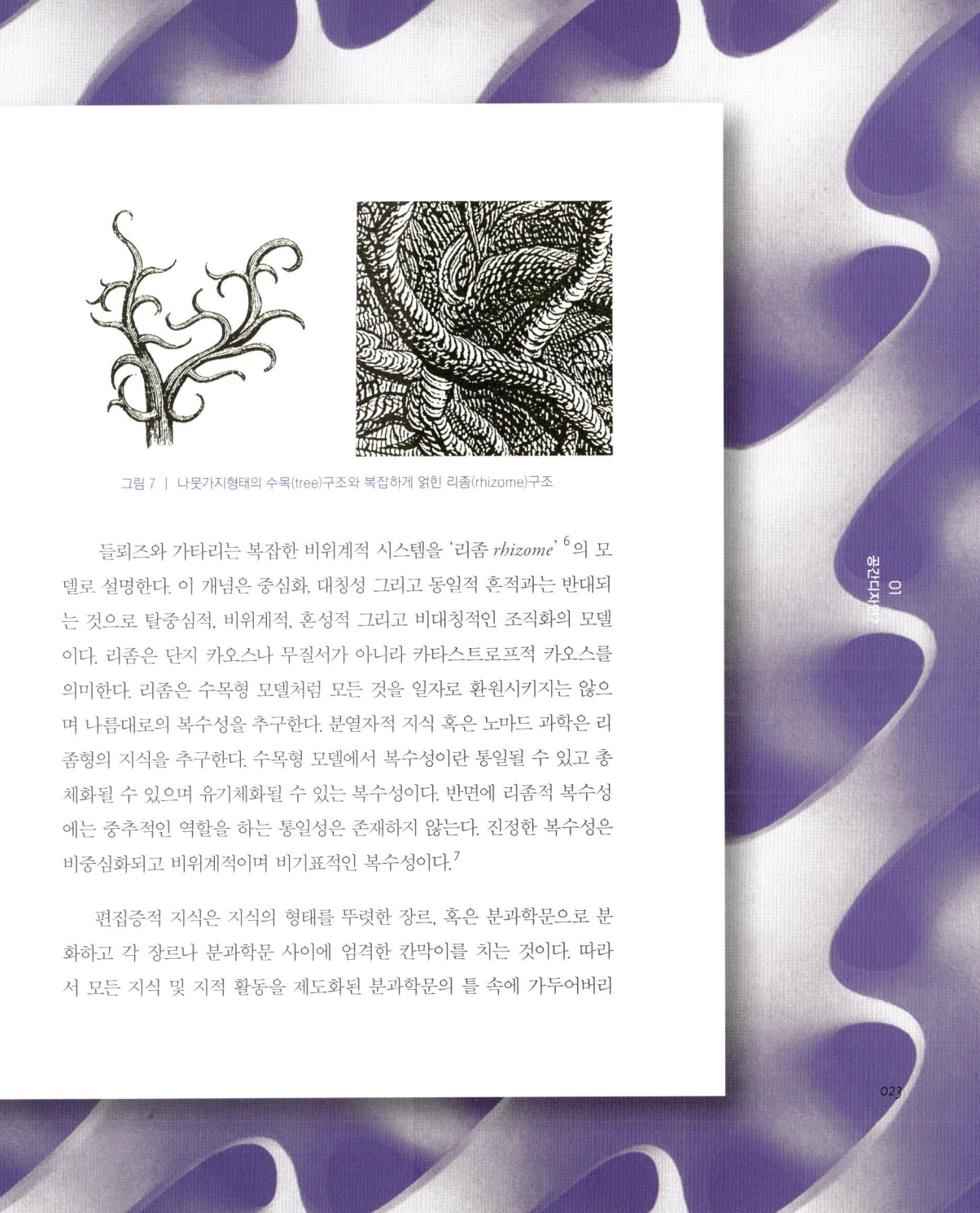

그림 7 | 나뭇가지형태의 수목(tree)구조와 복잡하게 얽힌 리좀(rhizome)구조

들뢰즈와 가타리는 복잡한 비위계적 시스템을 '리좀 *rhizome*'[6]의 모델로 설명한다. 이 개념은 중심화, 대칭성 그리고 동일적 흔적과는 반대되는 것으로 탈중심적, 비위계적, 혼성적 그리고 비대칭적인 조직화의 모델이다. 리좀은 단지 카오스나 무질서가 아니라 카타스트로프적 카오스를 의미한다. 리좀은 수목형 모델처럼 모든 것을 일자로 환원시키지는 않으며 나름대로의 복수성을 추구한다. 분열자적 지식 혹은 노마드 과학은 리좀형의 지식을 추구한다. 수목형 모델에서 복수성이란 통일될 수 있고 총체화될 수 있으며 유기체화될 수 있는 복수성이다. 반면에 리좀적 복수성에는 중추적인 역할을 하는 통일성은 존재하지 않는다. 진정한 복수성은 비중심화되고 비위계적이며 비기표적인 복수성이다.[7]

편집증적 지식은 지식의 형태를 뚜렷한 장르, 혹은 분과학문으로 분화하고 각 장르나 분과학문 사이에 엄격한 칸막이를 치는 것이다. 따라서 모든 지식 및 지적 활동을 제도화된 분과학문의 틀 속에 가두어버리

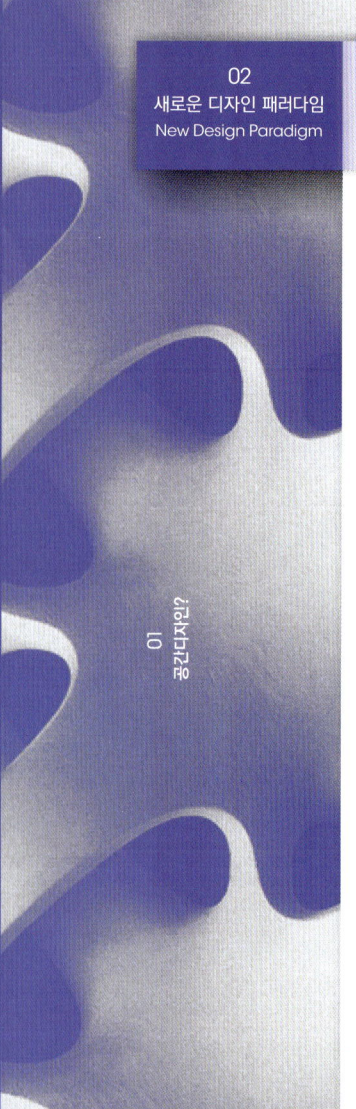

02
새로운 디자인 패러다임
New Design Paradigm

는 경향이 있다. 각 분과학문들은 자신의 독자적인 정체성을 수립하기 위해 연구자들로 하여금 분과학문의 코드화에 충실할 것을 끊임없이 강요하는 일종의 '자기검열' 장치를 갖추고 있다. 반면 분열자적 지식 혹은 노마드적 지식의 특징은 접속의 원리에 있다. 어떠한 지식의 형식 혹은 내용도 다른 지식들과 접속될 수 있으며 접속되어야 한다. 이런 점에서 분열자적 지식은 편집증적 지식의 '닫힌체계'에 대해 '열린체계'로 '횡단적 transversal 지식'으로 개념화될 수 있다. 수평적 횡단성의 관점에서 보면 분열자적 지식은 각 분과학문들 사이의 경계선을 넘나드는 지식이다. 모든 경계들은 서로 침입 받거나 침입하게 된다. 그것은 이를테면 탈코드화하고 탈영토화된 지식이라고 할 수 있다.[8] 자기중심화되는 것이 아니라 팽창하는 새로운 세계들을 형성하는 것이다.

인터미디어적 사고는 미래에 요구되어지는 공간디자인 사고이다. 공간은 실재 시간과 환경 속에서 인간의 행위와 동시에 다차원적인 사회적 변수가 개입되어지는 복합적인 관계구조이다. 공간디자인은 단일한 형식이나 기준, 관습적 사고만으로는 제기된 문제들을 해결할 수 없다. 따라서 새로운 사고 및 다양성의 추구, 효과적인 다매체적 결합을 통해 미학적, 사회적, 생태적인 문제들을 해결해야 한다. 이를 위해 공간디자인을 혼성적, 인터미디어 개념으로 위치시키고 디자이너에게는 영역 간, 학문 간 경계를 가로지르는 횡단의 사유가 요구된다.

그림 8 | Ohaiu Forest, Kauai, Hawaii

02
새로운 디자인 패러다임
New Design Paradigm

- 03 -

생태학적 관점
Ecological View

    디자인은 유토피아를 정착시키기 위한 일련의 발견과 노력으로 일종의 느낌들 *feelings* 의 끊임없는 요동 과정이다. 모더니즘, 포스트모더니즘, 포스트아방가르드, 포스트구조주의 이념들은 서로 부딪히면서 나타났다 사라지기도 한다. 또한 이러한 이념들은 새로운 공간 언어인 해체 *deconstruction*, 비선형 *non-linear*, 폴딩 *folding*, 복잡성 *complexity*, 파라메트릭 *parametric* 이라는 이름으로 포장되기도 하며 팔리기도 한다.[9] 미래에 공간디자이너는 기존의 관념과 언어, 사고에 도전해야 하며 다양한 요소에 대해 재고 *rethinking*, 재형성 *reformation* 을 시도해야 한다. 또한 개념과 경험, 이미지와 사용, 이미지와 구조의 관계를 결합시키면서 학문적 정의를 내리고 독특한 입장을 계속적으로 취해야 한다.[10] 궁극적으로 공간디자이너는 인간 활동의 다양한 경험을 위해 실존하는 것과 이미지들을 결합시키는 복합예술 *hybrid art* 을 실천하고 그들 스스로 모든 영역과 조건들을 생태학적 관점으로 인식하는 사고가 필요하다.

공간디자인은 환원적 개체보다 유기론적 전체를 강조한다. 어떤 본질적 원리를 가진 영역의 구현체로서가 아니라 사물과 행위 혹은 그것들을 둘러싸고 있는 총체적인 의미의 환경을 강조한다. 즉 '유기적인 전체 organic whole'로서 인식하는 것이다. 따라서 공간디자인은 관계론적, 유기론적인 사고를 강조하는 생태학적 관점에서 설명될 수 있다.

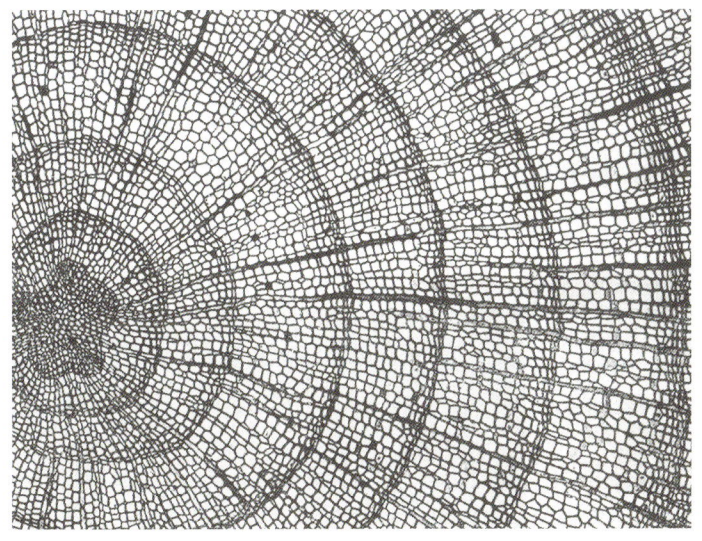

그림 9 | 삼나무 뿌리의 단면

02 새로운 디자인 패러다임
New Design Paradigm

- 04 -
전자적 패러다임
Electronic Paradigm

　　디자인은 전자적 패러다임 속에 위치하고 있으며 전자적으로 매개된 커뮤니케이션 체계에 의해 문화적 전환 cultural turn 이 이루어지고 있다. 마샬 맥루헌 Marshall McLuhan:1911-1980 에 의하면, 모든 매체가 인간의 신체와 감각기관의 확장이자 그 기능의 확대라고 설명한다. 그런 의미에서 디지털미디어는 '인간의 확장'을 넘어 사회조직화의 형태까지 부여하고 있다.

　　시간중심의 전자매체와 결합된 공간은 지각 주체의 지각방식을 변화시키고 주체와 객체간의 상호주관적인 교류를 활성화 시키게 된다. 이것은 마샬 맥루헌이 말하는 전자매체를 통한 '인간의 확장'을 의미한다. 앞으로 공간디자인의 혼성화가 증가되고 사회적 특성으로서의 다원성과 가상적 활동을 매개하는 인터페이스들이 점점 증가될 것이다.

　　기술정보의 발전 및 세계관의 변화는 구조의 이미지, 구조와 표면사이의 관계성을 변화시켰고, 구조에 대한 전통적인 사고를 배제시킴으로써 탈

그림 10 | Parametric Digital Models, Double-curved Brick Assemblies

구조화 de-structuring 의 양상과 상호텍스트성에 의한 형태와 기능의 완전한 상호변화가능성에 대한 모색으로 나타나고 있다. 즉 현대의 다원적인 시대상황, 미학적인 비차별주의, 탈영역 등 상대주의와 전일적인 견해를 기반으로 모든 예술적 양상과 개념들을 포괄하려는 성격으로 나타나고 있다.

후기 산업사회의 현상이 문화적 형태로 침전된 탈구조주의, 포스트모더니즘, 유기주의 패러다임, 비선형 패러다임, 디지털파라메트릭 등과 함께 공간디자인은 다른 영역과의 상호작용, 범주의 확장 등 상호연결성 *interconnectedness* 을 반영하려는 의지로 나타나고 있다. 또한 자연과학적 세계관과 같이 하는 공간디자이너들은 시간성, 다수성, 복합성 그리고 비선형성의 개념 안에서 새로운 기하학과 디지털미디어를 결합시켜 미래공간의 특성을 이해하고 있다.

03
공간디자인의 정의
Definition of Space Design

03
공간디자인의 정의
Definition of Space Design

- 01 -
공간 空間
Space

공空이란 하늘과 땅 사이와 같이 비어 있으면서 계속 퍼져가는 성질의 것으로, 감촉 할 수도 측정할 수도 없는 것인 동시에 꽉 차 있는 물질의 본질적 형식이기도 하다. 간間이란 풀이하면 문門 사이로 햇빛日이 비친다는 것이니 사이의 속이 빈틈을 의미하지만, 바꾸어 말하자면 도량의 개념, 즉 비어 있는 공간의 거리를 뜻한다.[1]

역사가와 이론가들은 고대이래로 공간에 대한 정의를 내리고 있다. 고대 그리스에서는 공간을 '상호작용하는 볼륨의 힘 power of interactive volumes', 모던시대에서는 '투명성 transparency'에서 '내외부공간의 상호작용 interaction between inner and outer space'에 이르기까지 물질의 3차원적 매스로서 공간을 주로 언급하였다. 20세기 초, 큐비즘 Cubism 과 아인슈타인의 상대성이론 Einstein's theory of relativity 에서 제시되어진 시공 space-time 개념에 타당성을 부여하고는 있지만 아직 많은 부분 공간의 개념을 '물리적 경계 physical boundaries'로서 단순한 '무정형 amorphous 의 물질'로 정의내리는 경향이 있다.[12] 이러한 공간에 대한 관점은 사물로 채워질 수 있는 '비어있는 매개물 *empty vehicle*'로 유한 또는 무한의 실체를 스스로 제한함으로써 형성된다고 보는 것이다.

    그러나 이와 같은 종래의 모던패러다임에서의 객관적 사실 또는 물체로서의 공간에 대한 인식은 20세기 후기 대두된 반데카르트적 사고방식과 생태론적 관점에 기초하여 관계적이고 시스템적 개념으로 전환되었다. 이는 근본적으로 공간에 대한 정의가 변화되고 디자인 언어가 전환되었음을 의미한다. 공간의 본질이 3차원적 매스, 내외부공간의 상호작용, 투명성

그림 12 | Jeffrey Kipnis in Collaboration with Philip Johnson, Briey Intervention

03
공간디자인의 정의
Definition of Space Design

으로 정의되는 모던시대의 물리적인 실체개념은 더 이상 이 시대의 복잡성과 비예측성, 다양성의 공간을 정의하는데 한계가 있다. 이제 공간디자인은 물질성 *materiality* 의 구축을 넘어 문화적 이데올로기와 이 시대의 가치, 개념을 사회적으로 한정시키는 문화적 행위로 확대되어야 한다.

공간은 인간행위를 포함하는 다양한 요소와 변수들이 존재한다. 시스템적 패러다임에 입각해서 공간도 모든 부분이 통합되어서 한 부분이 변하면 다른 한 부분 모두가 변하게 되는 시스템, 네트워크 *network* 로 인식해야 한다. 따라서 공간을 물리적 사물, 객관적 특성으로서 독립적으로 환원하여 설명하지 않고 인간, 사회, 문화와의 상호작용의 관계 속에서 개념화되고 있다.

공간은 일반적으로 '공간의 사용 *use of space*', '공간의 지각 *perception of space*', '공간의 생성 *production of space*' 또는 '공간의 개념 *concepts of space*' 등의 표현과 같이 사용된다. 이러한 표현들의 공통점은 인간행태, 의도성과 직접적으로 연결해서 공간의 의미를 적용했다는 점이다. 따라서 공간개념은 개인적 공간, 영역성과 같은 사회과학적 측면으로부터 비롯된다.

그림 13 | Gyorgy Kepes, Simulated light architecture for Boston Harbor, 1966

03
공간디자인의 정의
Definition of
Space Design

- 02 -
환경
Environment

공간 空間 · 환경 環境

'환경 環境, environment'은 단순히 우리 주위에 존재하는 것만이 아니라 우리를 '둘러싼 것 environed thing'을 의미한다. 또한 환경은 물리적 환경뿐만이 아니라 환경과 상호 영향을 주고받는 시스템 전체를 포함한다. 따라서 환경은 우리를 에워싸고 있는 공간을 의미할 뿐만 아니라 그것의 중심에 있는 주체, 즉 인간과 인간경험을 함축하고 있다.

이와 같이 환경은 일련의 경험되는 현상 *phenomena*, 사실 *facts*, 사물들 *things* 의 집합체로 물리적 시스템과 인간경험의 시스템으로 구성되어 있다. 이처럼 환경은 자연, 물리적 실체, 공간과 같은 다양한 개념으로 구체적인 실제대상 *real objects* 이면서 대단히 광범위하고 상대적인 개념이다. 환경은 물리적, 사회적 우주뿐만이 아니라 관념의 우주까지도 포함하는 개념으로 위계적으로 조직화된 커뮤니케이션의 한 체계로 정의된다.

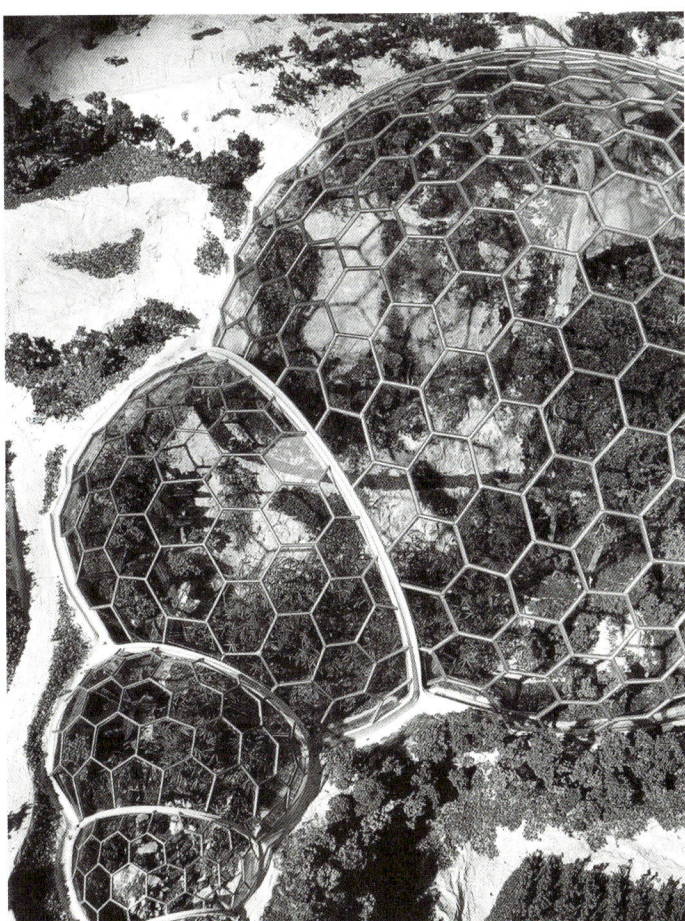
그림 14 | Nicholas Grimshaw & Partners, Eden Project, Bodelva, St Austell, Cornwall, UK, 2001

03
공간디자인의 정의
Definition of Space Design

- 03 -

인간-환경의 관계
Realation of M (Man) - E (Environment)

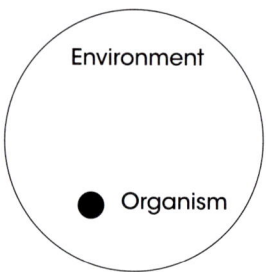

표 2 | 인간 - 환경의 관계

〈표2〉의 다이어그램에서 제시된 *M(Man) - E(Environment)* 관계는 *interior - exterior, in - out, container - content* 의 구조로 설명되며, 환경은 인간을 둘러싸고 있는 주위, 거주 *habitat* 또는 컨텍스트 *context* 로서 개념화된다. 여기에서 원은 물리적으로도 가능한 *M - E*의 관계성을 보여준다. 따라서 환경이 세계, 자연, 운동장, 건물, 거실, 방, 감옥으로 대체되더라도 이러한 *M - E* 관계 다이어그램은 적용가능하다.[13]

공간디자인에서 *M - E* 관계는 〈표3〉의 개념적 쌍 *conceptual couples* 에 기초하여 분석되어지는데 예를 들어 주체는 인간, 개인, 나, 조직, 사회, 사

유기체 – 환경	안 – 밖	활동 – 공간
인간 – 세계	나 – 나 이외의 다른 것	부분 – 전체
인간 – 사회	자신 – 타자	시스템 – 초시스템
인간 – 자연	텍스트 – 컨텍스트	주체 – 객체
사회 – 환경	마음 – 육체	문화 – 자연
개인 – 사회	A – A가 아닌 것	건조환경 – 자연환경
사적 – 공적	내적환경 – 외적환경	빌딩 – 도시
디자이너 – 디자인된 것	행태 – 환경	인공 – 자연
내부 – 외부	내용 – 용기	가상 – 실재

표 3 | 인간 – 환경의 개념적 쌍

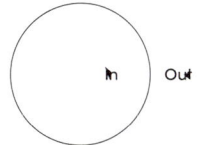 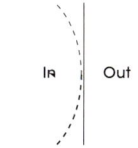

표 4 | 인간-환경의 상대적 관점

용자, 디자이너, 고객이며 객체는 자연, 환경, 외부세계, 삶의 공간, 우주, 건물 등으로 형성된다.[14] 위와 같은 *M-E*의 대립적 개념들은 어떠한 전체 *wholes*로 구성되어 있는 것으로 원래는 통합된 하나 또는 상보적 관계를 의미한다. *M-E* 관계에 대한 인식론적인 구조에서 대립개념은 상상적 경계 *imaginary boundary* 이지 실제 경계 *real boundary* 가 아니다. 주체-객체의 경계는 가상적일 뿐이며, 마찬가지로 〈표4〉에서의 안-밖의 관계도 보는 시점에 따라 상대적이다.[15]

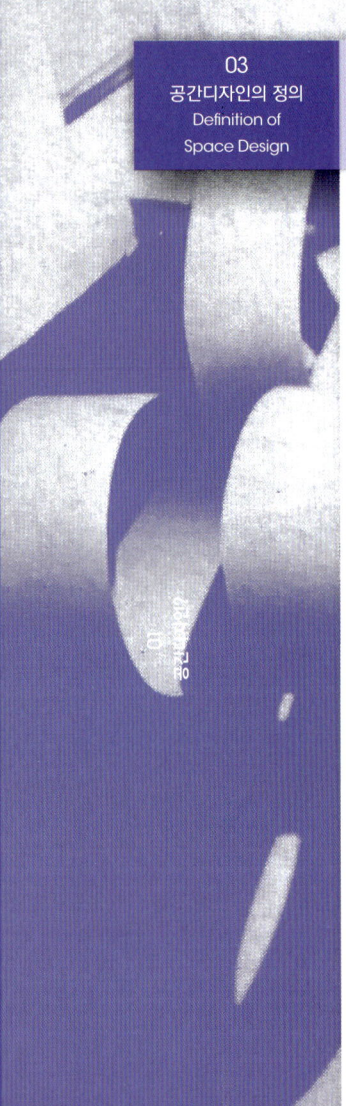

03
공간디자인의 정의
Definition of Space Design

- 04 -
공간디자인
Space Design

디자인은 하나의 양식, 시대 개념이 문화적 형태로 침전된 것으로 그 시대를 살아가고 있는 사람들의 시대의식, 문화의식 등 세계관의 반영체이다. 디자인이란, 우리자신 혹은 우리의 총체적인 요구를 충족하기 위해 가장 적절한 환경 *suitable environment* 을 찾는 관심 *concern* 이며, 정보의 통제, 조절 *control* 을 통해 환경을 창출해 내는 행위이다. 공간디자인의 정의[16] 는 다음과 같다.

- 공간디자인은 삶을 중심으로 한 공간의 다양한 기능들을 연구대상으로 하는 지적이며 창조적인 활동이다. 인간의 생존과 관계된 공간시스템을 지식에 기초해서 표현하고 정보화 하는 과정이다.

- 공간디자인에서 공간은 삶의 질과 관련된 통합 환경으로 도시, 건축, 내외부 공간을 구분하여 생각하지 않으며, 공간디자인을 인간과 그의 환경과의 관계성에 기초

하여 다양한 '공간의 종류'를 다루는 학문적, 실제적 분야로 정의한다.

- 공간디자인은 공간이용자의 요구조건을 밝히고, 규모를 산정하며, 자원을 배치하는 프로그래밍 programming 과정과, 공간을 미적, 기능적으로 조직화하고 인간화하며 사회문화적 맥락을 갖게 하는 디자인 과정을 포괄한다.

- 공간디자인은 공간조직과 인간행태의 관계를 미학, 심리학, 사회과학, 자연과학적 기초 위에서 탐구하며, 공간의 구성적 원리를 자연의 질서와 생태학적 관계 속에서 모색한다. 공간디자인은 주어진 공간 내에서 인간의 합목적적인 행태 behavior를 유도하는 목적지향의 시스템이다.

- 공간디자인은 터, 장소의 물리적 구성과 상황적 조건, 즉 생태적 환경이 전제되는 동시에 공간조형의 모든 측면에서 자연성 自然性 을 확보해야하는 작업이므로, 필연적으로 생태학 ecology 이 공간디자인 연구의 근간이 된다.

- 모든 세분된 예술 및 디자인 영역의 성취와 결과물들은 종국적으로 우리의 삶의 공간 속에서 시스템적으로 통합된다. 따라서 공간디자인은 20세기, 환원주의적 사고가 만들어낸 조형예술 영역들의 분화와 개별성을 통합하는 역할과 기능을 갖는다. 이러한 공간디자인의 시스템적 사고는 인간이 사용하는 작은 도구에서부터 집, 마을, 공동체, 도시, 나아가 국가를 통합하는 원리로 작용해야 한다. 동시에 공간디자이너는 오늘날 기계론적 세계관이 유기론적 세계관으로, 요소환원주의에서 전일주의 Holism 로의 패러다임 전환에 맞추어 문화와 사회를 디자인하고 인간과 자연의 속성을 모든 공간 속에 구현해야하는 사명을 지닌다.

- 공간디자인은 인간의 욕구를 충족시키고 인간활동의 효과적 전개에 필요한 지식

01 공간디자인?

03
공간디자인의 정의
Definition of Space Design

을 제공, 지원해주는 내용일 때 그 가치가 있다. 또한 인간-환경간의 커뮤니케이션을 가능하게 하는 언어, 매개체로서 존재한다. 특히 디자이너의 작품으로만 제한할 수 없는 사회, 문화적인 사건과 신념의 기록으로서 과거와 미래 사이의 의미전달체계로서 문화적 메세지시스템이며 문화적 의미 cultural signification 의 양을 나타낸다. 다시 말해 사회체계의 일부로서 시대성, 사회성, 민족성과 문화의 반응체이다. 따라서 공간디자인은 문화를 이루고 있는 일련의 가치와 믿음을 가진 대중 그리고 이상을 구현하려는 이들의 세계관과 관련되어 있다.

- 급격하게 변화하는 21세기의 시대적 상황에 대응하기 위하여 다양한 학문 분야 간 연계가 활발하게 진행되고 있다. 공간디자인학은 학문의 발생부터 복합학문으로 새로운 제3의 학문 영역이다.

그림 15 | Lawrence Halprin, Lovejoy Plaza, Portland, Oregon, 1965

04
공간디자이너의 정의
Definition of Space Designer

04
공간디자이너의 재정의
Redefinition of Space Designer

- 01 -

직업과 영역에서 역할과 기능으로
From Occupation & Field To Role & Function

  예술 형식은 새로운 인간상과 세계관에 따라 새로운 사고와 방법들을 모색하고 있다. 20세기 예술, 과학, 철학의 담론사에서도 제시되었듯이 공간디자인 패러다임은 더욱더 다학문성이 강화되고 매체와 방법에 있어 점점 혼성화 *hybridization* 가 가속화될 것으로 전망된다. 또한 고도의 테크놀로지가 지배적인 미래 환경에서 제기되는 환경적 문제, 정신적 위기는 디자인의 사회적 기능과 역할을 더욱더 요구하게 될 것이다.

  오늘날 사회는 모던형식과 획일적 세계관이 해체되고 단일한 가치체계는 급격히 분화되어 소멸되어지는 무산구조의 형태를 취하고 있다. 또한 모든 분야에서 경험되어지는 복잡성과 불확실성은 비평형열역학 시스템에서 나타나는 카오스적 현상과 유사하다. 대변혁이라 일컫는 분열과 다원적 양상은 또 다른 변화의 가능성과 함께 새로운 질서의 출현을 위한 창조적 움직임이 된다. 이제 모든 수준에서 요동 *fluctuation* 과 불안정성 *unstability*

그리고 다중 선택 *multiple choices* 과 개연성 *probability*을 경험하게 될 것이다. 이러한 현상은 디자인 영역의 연결과 재분화 그리고 새로운 영역의 창발과 같은 디자인시스템의 진화와 매우 유사하다.

리좀 rhizome   횡단성 transverse
탈중심화 decentralization   인터미디어 intermedia
비위계 non-hierarchy   혼성 hybridization   통섭 convergence
탈영토화 deterritorialization   연결 connection
열린시스템 open system   네트웍 network
자기조직화 self-organization   갈래치기 bifurcation
무산구조 dissipative structure   비선형성 non-linearity
창발 emergence

표 5 | 공간디자이너의 역할과 기능(Role & Function)

- 과거 모던시대에 추구되었던 부분들의 통일 unity of parts 로서의 공간적 의미와 형태의 볼륨 강조는 디자이너를 기능과 형태를 부여하는 사람 form-giver 으로서 위치시켰다. 그러나 새로운 공간디자이너의 역할은 형태, 구조, 표면, 프로그램, 상황, 기술 등과 함께 비균일하고 다종다양한 서로 대립되는 incompatible 조건들을 결합하는 존재로 변화되고 있다.

04 공간디자이너의 정의
Definition of Space Designer

- 미래 디자인에서 요구되어지는 것은 디자인시스템 및 디자이너의 역할과 기능에 있어 상호연결 가능성의 강조이다. 동시에 디자이너들은 비예측적인 상황에서 역동적 질서를 스스로 생성하는 그야말로 스스로를 조직화 하는 것이 필요하다. 그러기 위해서는 공간디자이너의 역할은 종래의 환원적 정의와 개념을 넘어 시스템적 사고 안에서 새롭게 정의되어야 한다.

- 앞으로 복잡한 세계 속에서 디자인의 경계가 급격하게 변화될 것이다. 공간디자이너는 학문적 경계와 영역의 개별성, 독자성의 사고를 버려야 한다. 특정 장소, 지역, 거리, 건축, 제품, 사물이 공간디자인 대상이었지만 이제는 삶의 전체가 공간디자인 대상으로 확장되었다. 따라서 공간디자이너를 특정 직업, 영역의 구분 안에서 정의내리는 것이 아니라 새로운 사회변화와 요구에 대응하는 다양한 역할과 기능의 개념 속에서 정의되어야 한다.

그림 17 | Crystal Growth

04
공간디자이너의 정의
Definition of
Space Designer

- 02 -
상호연결성·네트워크
Interconnectedness · Network

- 공간디자이너는 적극적인 태도로 다양한 매체를 발견하고 부분보다는 전체 그리고, 관계성을 강조하는 시스템적 패러다임을 형성하여야 하며, 또한 고정관념이나 막연한 관행에 얽매이는 태도 그리고 제한된 방법과 장르의 순수성을 강조하는데서 벗어나야한다. 디자인 대상을 고립된 부분적 개체로 보기보다는 확장된 환경적 컨텍스트 내에서 서로의 네트워크를 강조하는 것이 중요하다. 인간과 자연의 통합 그리고 예술, 디자인 각 영역들이 서로 상호침투되어 유기적인 관계를 형성해야 한다. 다시 말해 공간디자이너는 공간을 구축해 나가는 과정에서 미술이든 디자인이든 각각의 내용을 부분별로 완성하여 조립하는 환원적 매스로서의 공간이 아닌 서로 영향을 미치는 불가분의 관계를 형성할 수밖에 없는 시스템을 형성시켜나가야 한다.

- 사람, 인프라스트럭쳐, 네트워크 그리고 경제적인 측면들의 복잡성과 상호연결성은 전통적, 학문 영역을 무너뜨리고 있으며 이러한 급진적 전환은 디자이너들을 도전하고 있다. 따라서 공간디자이너들은 비즈니스, 서비스, 경험, 정책 그리고 창발적

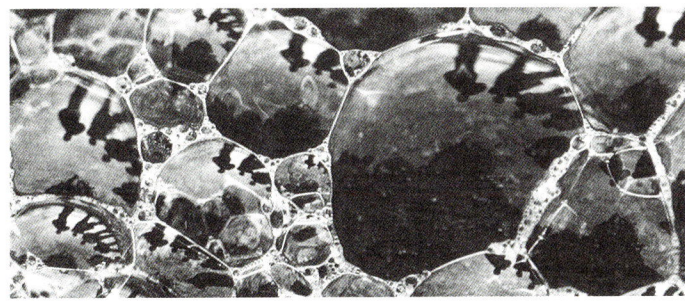
그림 18 | Bubbles

사회형식들 emergent social forms 까지도 디자인해야한다.

- 모든 디자인은 사회적이며 다양한 클라이언트시스템 client systems 과 환경영역들 environment domains 사이의 상호작용에 기초한다. 이러한 의미에서 디자이너의 역할과 기능은 각 시스템들의 새로운 연결을 만들고 단절된 것들을 재연결하는 것이다. 따라서 디자이너들의 능력은 현 시대의 경제적, 정치적, 사회적, 윤리적, 기술적, 상징적, 제도적, 철학적 그리고 문화적인 다수의 현실들과 이슈들을 전일적으로 탐색하고 수용하는 태도에 깊게 관련되어 있다.

- 미래 디자인학 연구와 실무에서 영역간의 통합 프로세스는 가속화 될 것으로 예상된다. 이러한 변화 속에서 순수미술, 시각, 제품, 인테리어, 건축, 랜드스케이프, 도시계획 등과 같은 전통적인 영역구분을 벗어나, 사회적 디자인 카테고리로서의 디자인으로 전환해야 한다. 공간디자이너는 다양한 관점과 요구, 전문가들을 조절하고 네트워크하는 통합적 능력을 가져야 한다. 특히 디자인의 영역 안과 밖에 있

04
공간디자이너의 정의
Definition of
Space Designer

는 전문가들을 고도로 연결하는 것이 중요하다.

- 궁극적으로 공간디자인의 우수성은 디자이너의 생태학적, 경제적, 기술적, 사회적 시스템들을 통합할 수 있는 능력, 그리고 학문과 학문 사이, 이론, 실제, 교육의 사이, 디자이너와 사용자와의 사이의 상호작용 interplay 을 강화할 수 있는 능력에 의존한다. 따라서 또한 공간디자인 교육도 새로운 컨텍스트, 비예측적인 도전, 혁신적인 방법, 새로운 도구, 새로운 발상, 새로운 반응의 종류들을 발명하고 제안해야 한다. 동시에 디자인 이슈들을 해결할 수 있는 교과내용과 목표를 담고있어야 한다.

그림 19 | Falling Drops, Ink in water

02 공간디자인?

공간디자인 하기

02
공간
디자이너
?

표 6 | 공간디자인의 생성축

공간디자인의 본질
Essence of Space Design

시간, 공간, 인간의 본질,
아름다움에 관한 인식,
그리고
아날로그와 디지털 기술이
상호작용하며
공간디자인의 무한한 역할과 기능을
이합집산, 생성소멸 시킨다.

그 중에서도 가장 근원적이고 영원한 힘은

시간, 공간, 인간의 三間이다.

1. 중심을 감싸 보호하는 모습을 형상화   2. 생명, 탄생의 모습을 표현   3. 틀을 깨고 나오는 모습을 형상화
4. 지평선의 윗부분을 표현   5. 지평선의 아래를 표현   6. 내부로 집중되는 형태를 통해 개인영역을 형상화
7. 활짝 열린 모습으로 공공성을 표현   8. 여러 매듭이 연결된 모습으로 협업을 형상화
9. 단일한 매듭으로 1인을 표현   10. 끊어진 뫼비우스띠로 일회성을 표현   11. 뫼비우스띠로 영속성을 표현
12. 안정된 정육면체로 부동의 모습을 형상화   13. 유연한 곡선으로 유동성을 표현
14. 다양한 방향의 힘을 응축하는 모습을 표현

공간디자이너의 역할과 기능
Roll and Function of Space Designer

Beauty
Tangible
Intangible

Originality
Time
Space
Human

Technology
Analogue
Digital

02
공간디자이너?

054 표 7 | 공간디자인의 생성축에 따른 공간디자이너의 역할과 기능

Preservation
원형을 그대로 보존, 혹은 복구하는 공간디자인   H.H.

Reflenishment
보존가치가 있는 공간에 새로운 생명력을 더하는 공간디자인   J.T.

Consuming
새로운 공간을 창출하는 공간디자인   R.A.

Ground
지상영역에 이루어지는 공간디자인   J.B.

Underground
지하영역에 이루어지는 공간디자인   I.M.

Private
개인 혹은 법인이 소유한 공간에 이루어지는 공간디자인   M.N.

Public
공공이 소유한 공간에 이루어지는 공간디자인   D.B.

Relational
여러 영역의 디자이너 협업에 의해 이루어지는 공간디자인   G.L.

Independant
1인 디자이너에 의해 이루어지는 공간디자인   K.H.

Temporal
일시적으로 유지되다 해체되는 공간디자인   J.Y.

Permanent
항구적으로 계속 유지되는 공간디자인   J.T.

Fixed
이동성이 없으며 고정된 장소성을 지니는 공간디자인   M.K.

Flux
공간 및 경험이 유동성을 지니는 공간디자인   H.R.

Communal
시민의 삶에 총체적으로 서비스하는 공간디자인   K.Y.

02 공간디자이너?

055

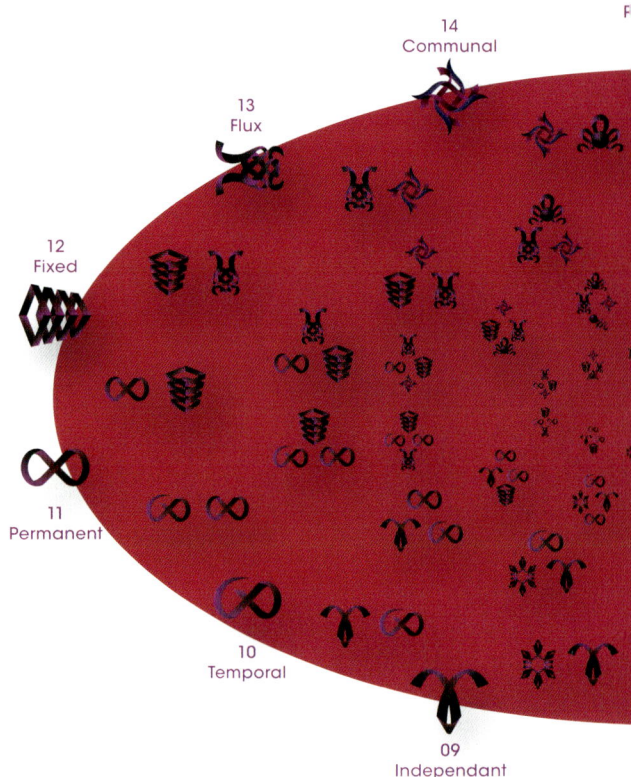

공간디자인의 역할과 기능은
현실적 직업군에 의한 진화가 아니라, 인간, 사회의 본질적 요구를 반영
하며 생성, 소멸되어 간다고 볼 수 있다.
단지 직업군은 그 표면적 현상으로서 나타나고 있을 뿐이므로
공간디자이너는 항상 이면의 욕구를 발견하며 디자인을 발전시켜야 한다.

표 8 | 공간디자이너 역할의 무한생성과 진화

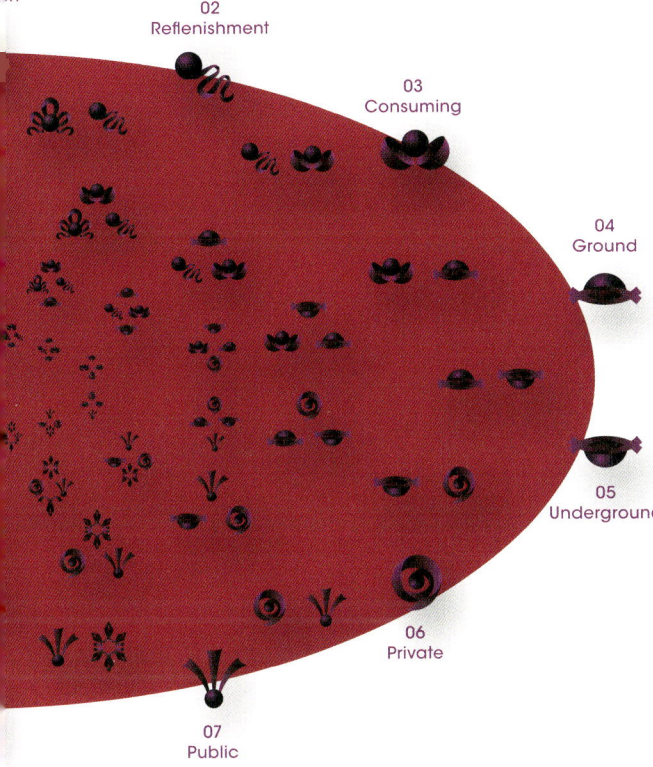

세 가지 축 originality, beauty, technology 이 상호 작용하며 나타내는 14가지의 공간디자인 역할과 기능은 시대요구에 반응하며 또 다른 양태로 진화한다. 표8과 같이 상호간에 합종연횡하며 역할과 기능을 무한대로 발전시킬 수 있다. 이는 무한대로 퍼져나가는 우주의 공간원리와 일치한다.

01 공간디자이너의 유형
Type of Space Designer

- 01 -
Preservation
원형을 그대로 보존 혹은 복구하는 공간디자인

최소한의 디자인 행위

그는 새로운 디자인을 하기보다는 디자인 대상에 관한 깊은 사고를 통하여 진정성이 돋보이는 디자인을 추구한다. 이는 단순한 보존의 수준을 넘어 과거와 미래를 연결하는 방식으로 이는 우리에게 디자인의 근본적인 태도와 접근 방식에 깨달음을 준다.

H.H.
Born in Austria _1934.
Retti candle shop _1964.
Schullin Jewellery shop _1972.
Abteiberg Museum _1982.
Haas - Haus _1990.
Niederosterreisches Landesmuseum _1992.
Vulcania _2002.

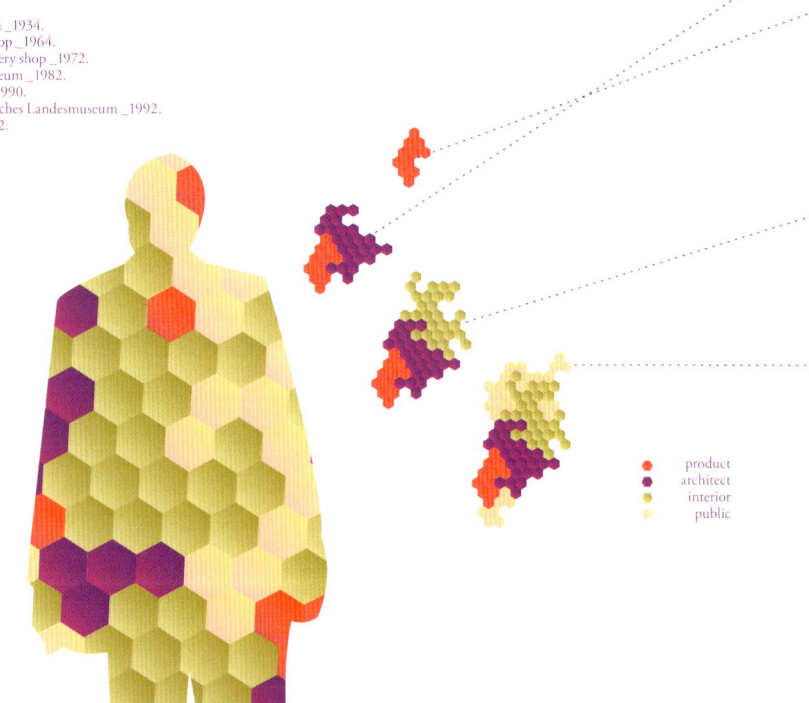

- product
- architect
- interior
- public

1982
Abteiberg Mueseum

1972
Schullin Jewellery shop

1990
Haas - Haus

1992
Michaeler Platz

그림 20 | Michaeler Platz, H·H, 1992

오스트리아 빈의 수도정비 공사 중 발견된 로마유적을 활용한 공간디자인, 디자인을 더하는 방식이 아닌 당시 유적을 그대로 보존한 방식으로 당시 오스트리아 디자인계의 주목을 받았다. 유적에 울타리를 설치하는 방식은 아니지만 울타리의 수평, 수직적 연결 그리고 주변 공간과의 섬세하면서도 입체적인 연결을 통하여 역사문화적 공간을 보존하는 방식에 대한 울림을 전해준다.

01
공간디자이너의 유형
Type of Space Designer

- 02 -
Replenishment
보존가치가 있는 공간에 새로운 생명력을 더하는 공간디자인

기존 공간에 생명력을 더하는 디자인

가치 있는 과거의 공간 맥락은 유지시키되 새로운 기능과 소비자의 감성을 이끄는 디자인을 접목하는 공간디자인 방식이다. 일면 진부할 수 있는 과거의 공간에 대중친화적인 터치를 부여하여 생명력을 더한다.

02 공간디자이너?

J.T.
Born in Seoul
MBC Join _1993.
'개인의 취향' Set Design _2010.
Member of Korea Society Space design

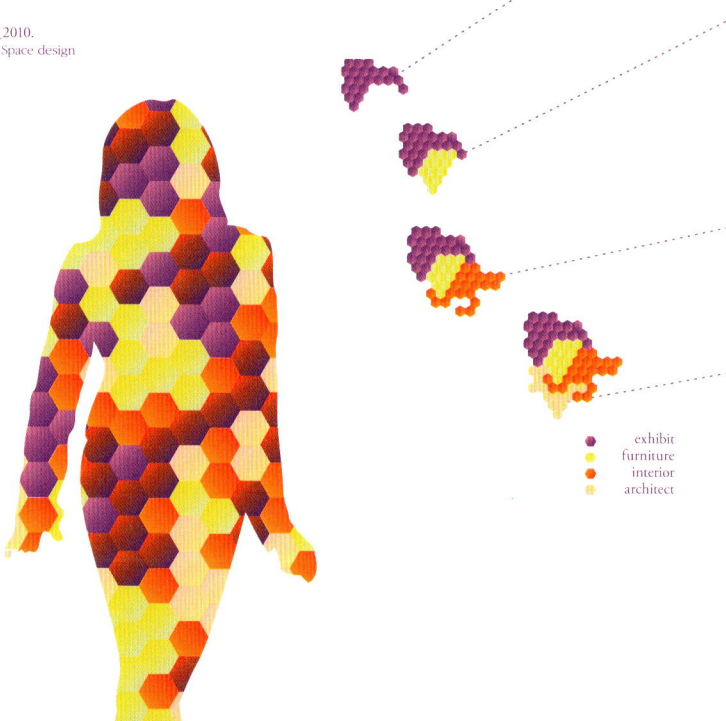

- exhibit
- furniture
- interior
- architect

060

2005
레드아이

2008
베토벤 바이러스

2009
내조의 여왕

2010
개인의 취향 세트

1970

1990

2010

그림 24 | 개인의 취향, J·T, 2010

미술감독으로서 내재된 무대설치의 경험과 감각을 전통공간과 결합하여 사람들에게 사랑받는 공간으로 재생한 작품이다. 전통공간의 깊은 무게감과 현대성이 투영된 감각적 공간감이 결합되어 이전에 없던 공간 경험을 창조하였다.

01 공간디자이너의 유형
Type of Space Designer

- 03 -
Consuming
새로운 공간을 창출하는 공간디자인

새로움과 미래를 향한 디자인

그는 상식을 뛰어넘는 혁신적인 아이디어로 재료와 형태 그리고 디자인 전반에 과감한 반전을 시도한다. 이러한 혁신을 통해 항상 새로운 호기심을 불러일으키는 동시에 모두가 저항 없이 받아들일 수 있도록 배려있는 디자인을 추구한다. 이들의 디자인 작업은 곧 끊임없는 실험의 연속이다.

R.A.
Born in Tel Aviv _1951.
Graduated from AA School _1973.
Established 'One Off' _1981.
Established Ron Arad Associates _1989.
Tel-Aviv Opera House _1998.
Y's Store _2003.
Ripple Chair _2005.
Hotel Duomo _2006.
Design Museum Holon _2009.

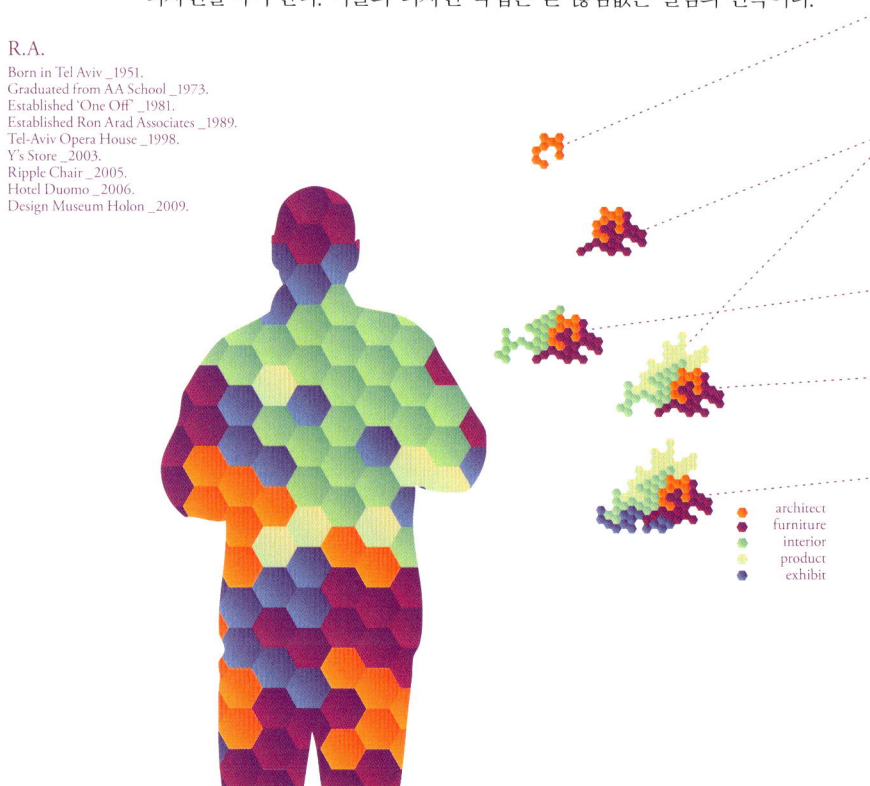

architect
furniture
interior
product
exhibit

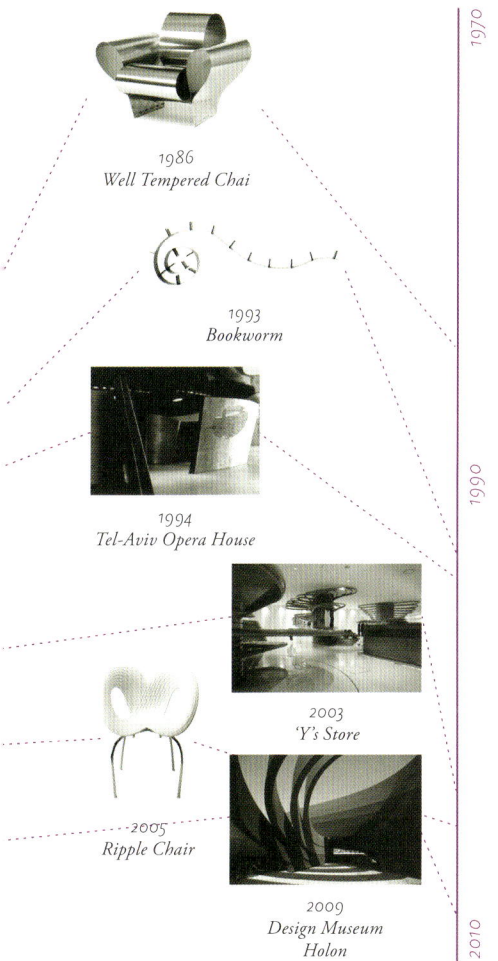

1986
Well Tempered Chai

1993
Bookworm

1994
Tel-Aviv Opera House

2003
'Y's Store

2005
Ripple Chair

2009
Design Museum Holon

그림 29 | Duomo Hotel, R·A, 2006

그는 새로운 패러다임과 가능성을 끊임없이 제시하며 공간디자인의 영역을 무한대로 넓혀간다. 가구와 제품의 형식이 공간으로 확장되어 새로운 경험을 선사하며, 공간과 가구사이의 영역을 허물어 너머에 대한 궁금증을 자아내는 작품이다.

01 공간디자이너의 유형
Type of Space Designer

- 04 -
Ground
지상영역에 이루어지는 공간디자인

예술, 공간 그리고 도시맥락

그는 자신의 작업영역을 순수미술의 테두리 안에만 두지않고, 공간으로 확장시켜 오브제의 공간화를 시도한다. 특히 도시공간속 공간예술은 도시에 신선한 문화적 경험을 부여한다.

J.B.
Born in Seoul
SNU Art College.
88 Olympic Prize Contest _1988.
Korea Economy Newspaper _1997.
Seoul Finance Center _1997.
LG Gangnam Tower _1998.
Greencross Mokam Building Sculpture _1999.

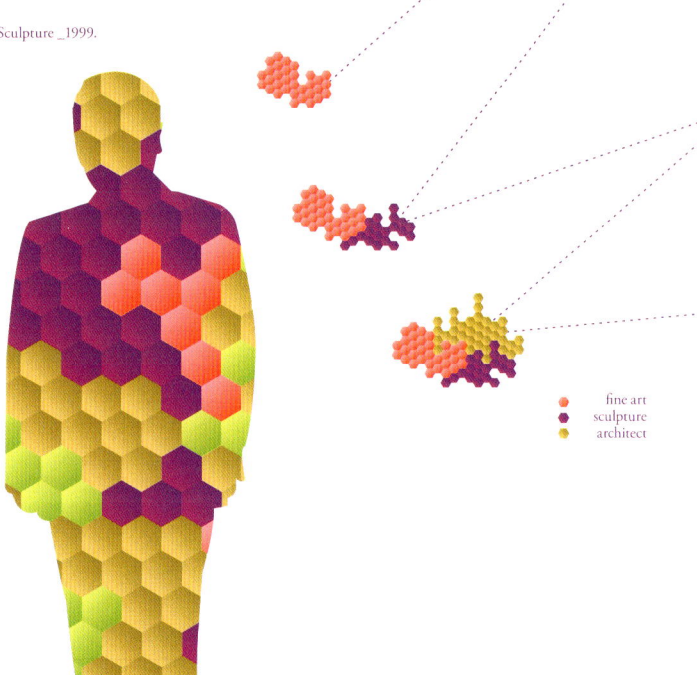

fine art
sculpture
architect

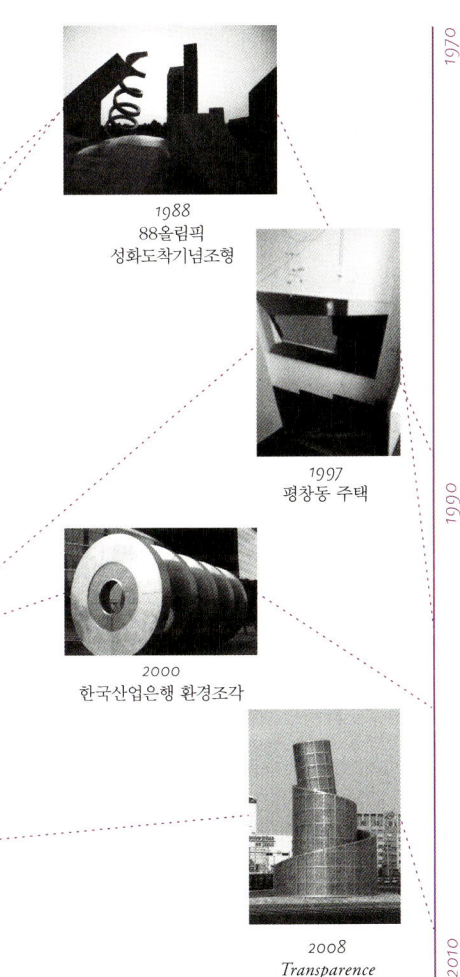

1988
88올림픽
성화도착기념조형

1997
평창동 주택

2000
한국산업은행 환경조각

2008
Transparence

1970

1990

2010

그림 36 | TRANSPARENCE, J·B. 2008

도시갤러리 사업의 일환으로 이루어진 그의 작품에서 보다시피 그의 조각품은 도시 공간과 한몸이되어 존재함을 드러낸다. 공간디자인은 기존의 직업과 영역의 구분이 아닌 다양한 영역과의 끊임없는 교감을 통해 존재하는 것이다.

01 공간디자이너의 유형
Type of Space Designer

- 05 -
Underground
지하영역에 이루어지는 공간디자인

빛과 공간의 일체화

그는 공간을 밝히는 기능적 수단의 조명이 아니라 공간디자인의 주체로서 빛의 의미를 재해석하여 빛이 없는 어둠의 공간을 새롭게 개척하였다. 지상공간에서는 느낄 수 없는 새로운 감성으로 지하공간디자인의 지평을 열었다.

I.M.
Born in Germany _1932.
Bulb _1966.
Yayaho _1988.
Lucellino _1992.
los minimalos dos _1994.
Wo bist du, Edison...? _1997.
'Designer of the year' _1997.
'Design Prize' _1999.
Porca Miseria! _2003.
Munchner Freiheit, Germany _2009.

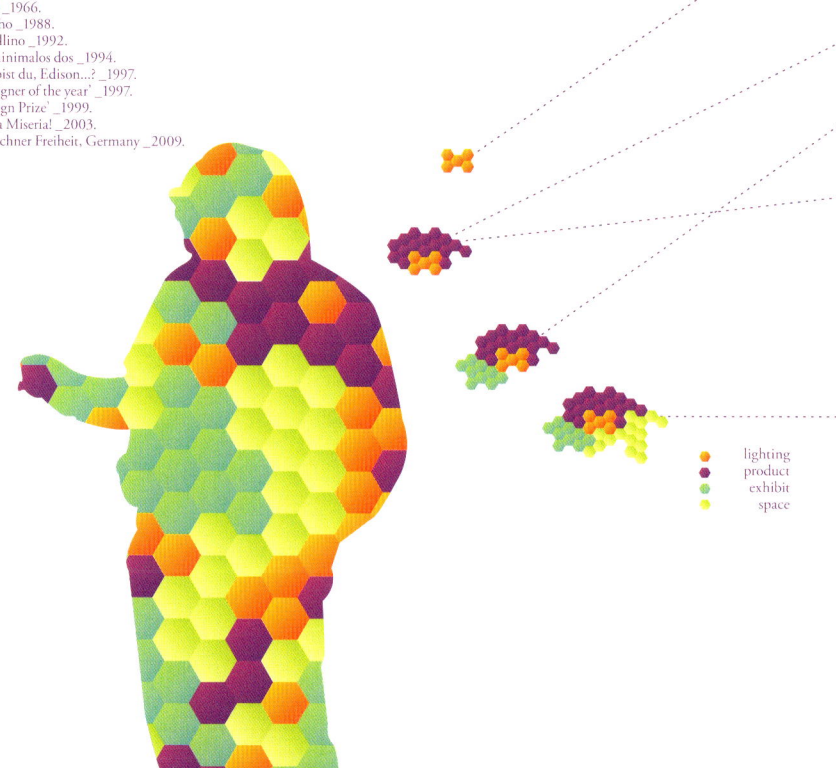

lighting
product
exhibit
space

066

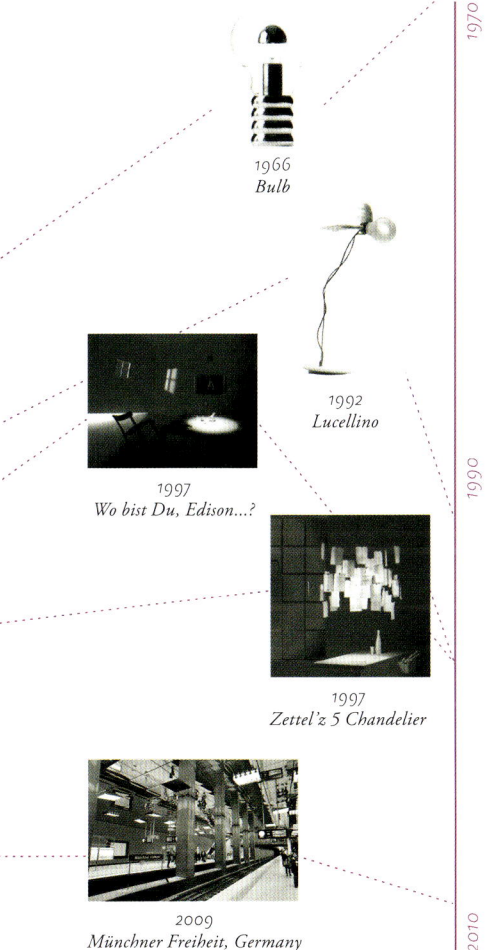

그림 40 | Münchner Freiheit, Germany, I·M, 2009

그는 근미래 최대이슈 영역 중의 하나인 지하공간에 조명디자인을 적용하여 지하철 라운지 공간이 어떻게 새로운 디자인으로 거듭날 수 있는지를 보여준다. 쾌적하지 못한 지하공간이 무한히 잠재력을 나타낼 수 있음을 반증하는 작품이다.

01 공간디자이너의 유형
Type of Space Designer

- 06 -
Private
개인 혹은 법인이 소유한 공간에 이루어지는 공간디자인

미래 디자인시장의 개척

그는 디자인과 예술의 스펙트럼을 공학의 차원까지 확장시켜 선박, 비행기 인테리어 등 운송수단의 공간디자인을 개척하였다. 그의 작품은 예술적인 조각품과 같은 감성을 지니고 있는 동시에 시장에 대한 치밀한 이해와 확신이 담겨있다.

02 공간디자이너?

M.N.
Born in Australian_1963.
Australian Crafts Council Award_1984.
Top 50 Designers Award_1998.
Concep Car Design Award_1999.
The LEAF Intermational Design Award_2007.
Skytrax World Airline Award_2008.
Dotor of Visual Arts_2010.

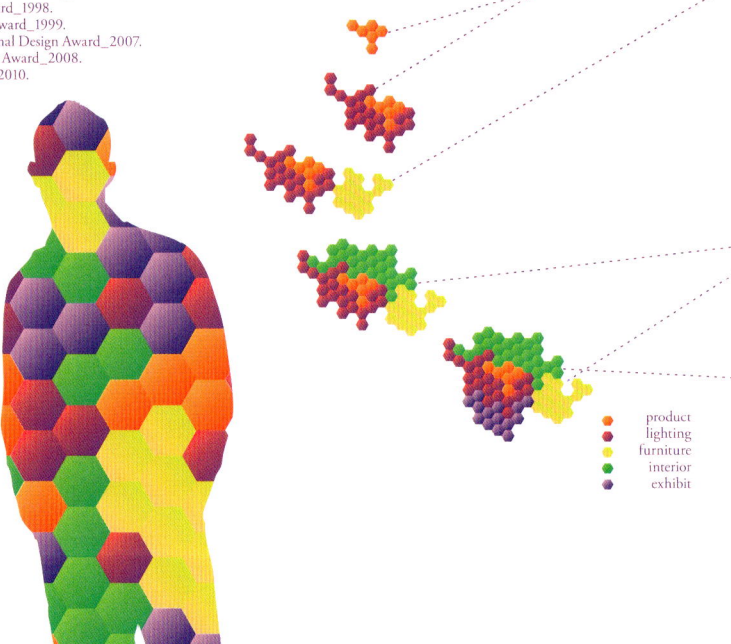

- product
- lighting
- furniture
- interior
- exhibit

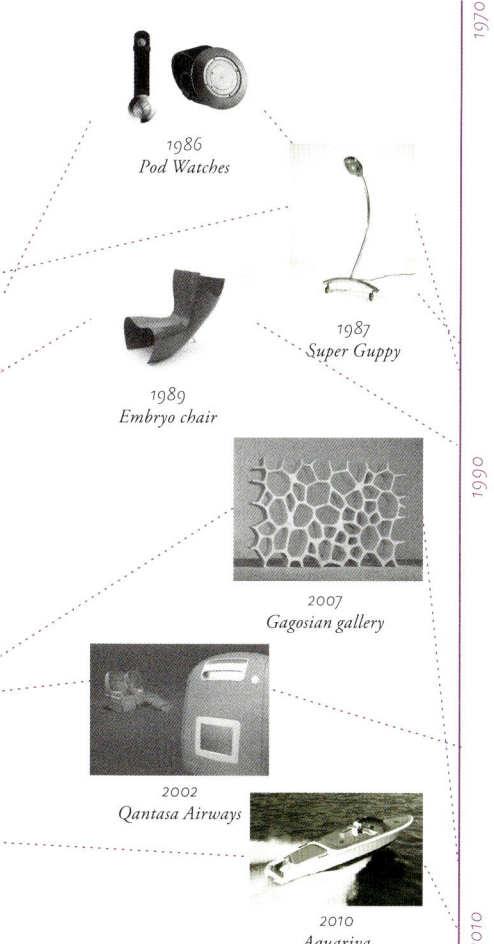

그림 46 | Aquariva, M·N, 2010

    그는 보트 인테리어를 통해 지극히 개인의 영역에서 소유하고픈 욕망을 이끌어내는 공간디자인을 보여주고 있다. 근미래의 새로운 개척지인 해양공간에서 나타나는 실내공간이 어떻게 현실화 될 수 있는지 그 가능성을 보여주는 실험이기도 하다. 제품디자인과 공간의 영역을 허무는 그의 작업은 공간디자인의 역할과 기능이 무한함을 보여준다.

01
공간디자이너의 유형
Type of
Space Designer

- 07 -
Public
공공이 소유한 공간에 이루어지는 공간디자인

공공공간을 관찰하는 힘과 창조력

그는 공공의 영역에 일관된 패턴을 적용하는 작업을 통해 끊임없이 공간을 재생산, 재확대하는 작업을 시도하고있다. 일면 실험적이지만 어느곳에나 조화로운 보편의 디자인 언어를 통하여 장소에 구애받지 않고 예술과 디자인이 공존할 수 있음을 보여준다.

D.B.
Born in France _1938.
Peinture aux formes indefinies _1966.
Les Deux Plateaux _1986.

- art
- installation
- sculpture
- motion

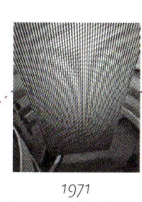
1971
Peinture-Sculpture

1986
Les Deux Plateaux

1987
Gate

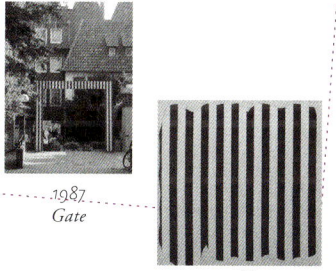
1966
Peinture aux formes indefinies

2005
Untitled 14

1970

1990

2010

그림 53 | Les Deux Plateaux, D·B, 1986

21세기에 이르러 정치적 패러다임이 변화함에 따라 공공을 위한 디자인이 많이 시도되고 있다. 특히 오스트리아는 우수한 공공디자인이 활발히 이루어지는 곳이다. 단일한 스트라이프의 설치물과 제품은 시각물에 그치지않고 사회요구를 반영하는 공공디자인으로 기능한다.

01 공간디자이너의 유형
Type of Space Designer

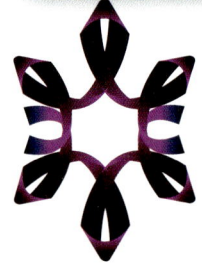

- 08 -
Relational
여러 영역의 디자이너 협업에 의해 이루어지는 공간디자인

관계성을 통한 새로운 영역의 공간디자인

그의 작품은 하나의 공간에 있는 사람들이 동시에 상호작용하는 것을 통하여 반응한다. 공간 안에서 상호작용하는 사람의 수에 따라 빛과 소리가 달라지며, 접촉하는 사람들의 거리에 따라 반응의 강도가 변화한다. 이처럼 그는 참여자의 관계성을 통해 공간경험이 변화하는 새로운 디자인의 세계를 실험하고 있다.

G.L.
Born in France
Construction et creation_2004.
Digital Art Festival - Nantes_2005.
Lyon_2005.
Chaillol_2007.
Festival international des cultures
Electroniques_2008.
Scenocosme_2008.

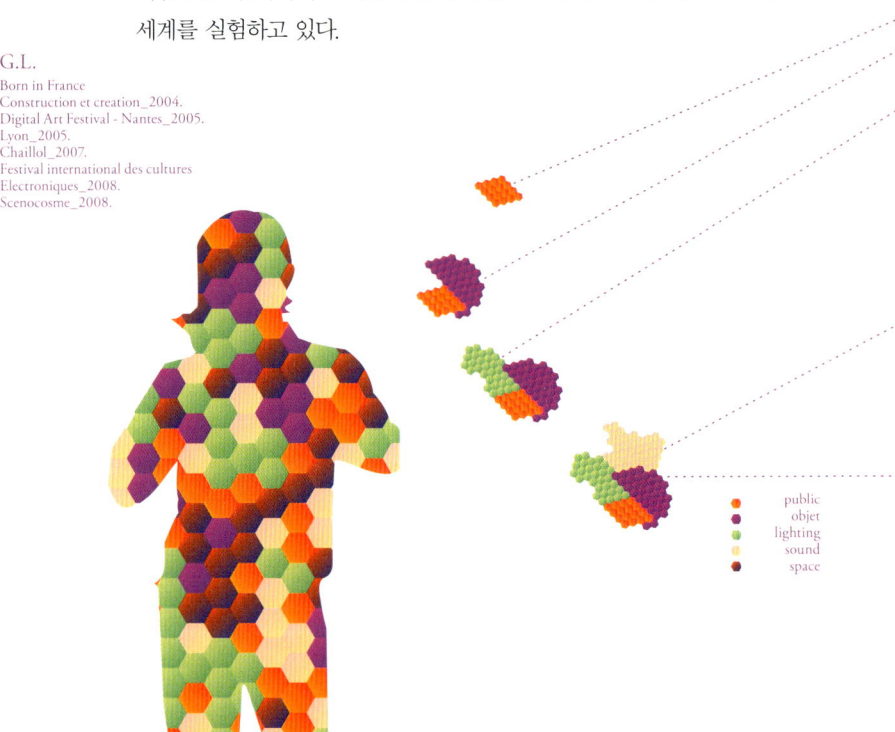

- public
- objet
- lighting
- sound
- space

2006
Musees

2006
Fees d' Hiver

2006
Lyon

2008
Kimapetra

2009
Light Contacts

그림 59 | Light Contacts, G·L, 2009

공간디자인은 디자인 작업을 수행함에 있어 단독 디자이너의 수행결과이기 보다는 다른 분야와의 협업을 통해 이루어지는 경우가 많다. 다른 기술은 물론 인간의 모든 지적영역과 만나며 진화를 거듭해 나가고 있으며, 이를 위한 협업의 중요성은 더욱 강화되고 있다.

01 공간디자이너의 유형
Type of Space Designer

- 09 -
Independant
1인 디자이너에 의해 이루어지는 공간디자인

기술을 통한 예술과 철학의 융합

그의 작품의 핵심은 빛으로만 구성된 환상과 환각의 공간이다. 어떠한 장치도 존재하지 않지만, 빛의 간섭현상을 통해 우리 뇌 속에서 창조해낸 덧없는 광경을 경험하게 된다. 이는 시지각과 빛에 대한 정교한 조작으로 이루어지는 새로운 공간의 영역이다.

K.H.
Born in Chicago.
Fine art Exhibit _1983.
Machine - Object _1992.
Sound Space _2003.
FEED - VeniceTheatre Biennial _2005.
KARMA - The generative installation _2006.
ZEE, RANGE, KARMA _2008.

02 공간디자이너?

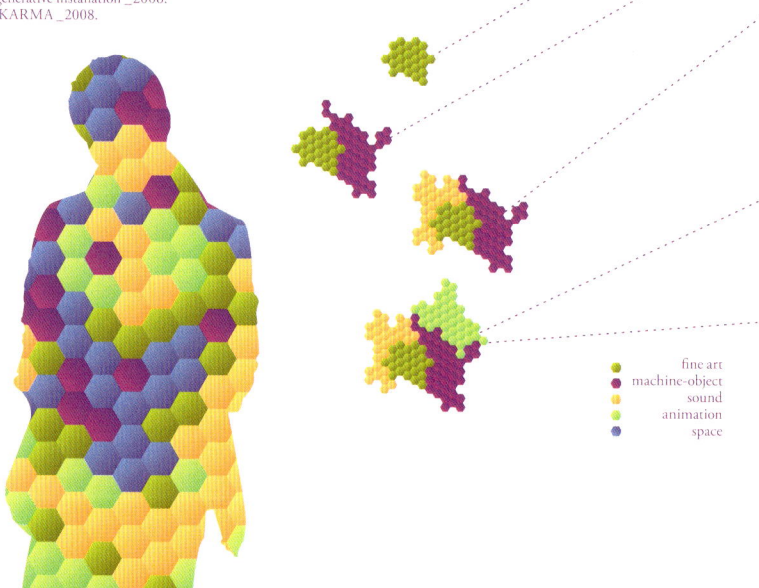

- fine art
- machine-object
- sound
- animation
- space

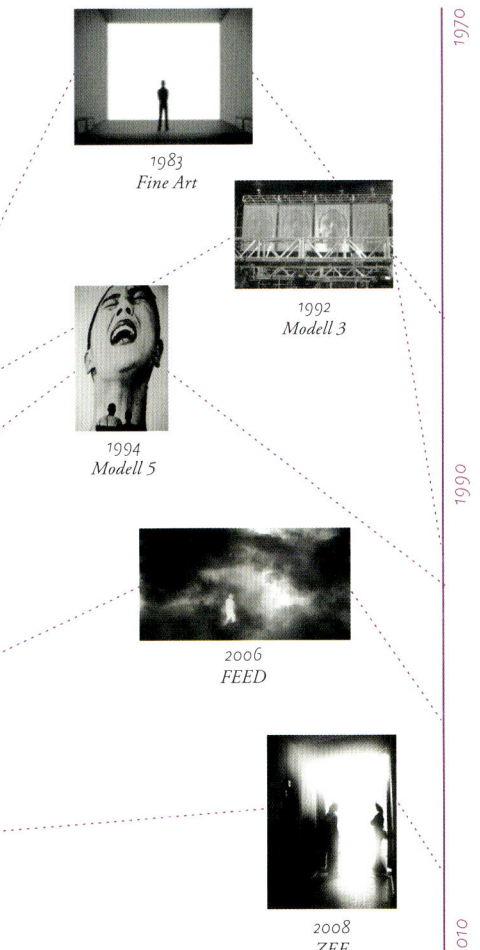

그림 64 | Zee, K·H, 2008

그의 작품은 영역의 확장보다는 깊이를 너욱 추구하는 특성이 있다. 인간의 인지의 끝을 실험하기 위해 그는 수많은 작업을 홀로 이끌었다. 예술가이자 기술자, 디자이너로서의 역할을 홀로 행함으로서 아주 강렬하면서도 일관성 있는 공간디자인을 선사한다.

01 공간디자이너의 유형
Type of Space Designer

02 공간디자이너?

- 10 -
Temporal
일시적으로 유지되다 해체되는 공간디자인

스토리, 이미지 그리고 색채의 공간화

그의 정체성을 하나의 언어로 규정할 수 없다. 배우, 연출가, 공연기획자, 무대감독, 예술가... 이 모든 경험이 융합된 그의 능력은 시공간을 아우른다. 배우와 연출, 촬영의 경험이 감독의 역할로 승화되고 스토리를 이미지로 승화시킨 다양한 공간 퍼포먼스로 공간디자이너의 다양한 역할을 제시하고 있다.

Z.Y.
Born in 1951.
베이징 영화 학교, 촬영학.
낡은 우물, Actor _1986.
붉은 수수밭, Movie _1988.
인상유삼저 무대 Director _1997.
베이징 올림픽 개막식 Director _2008.

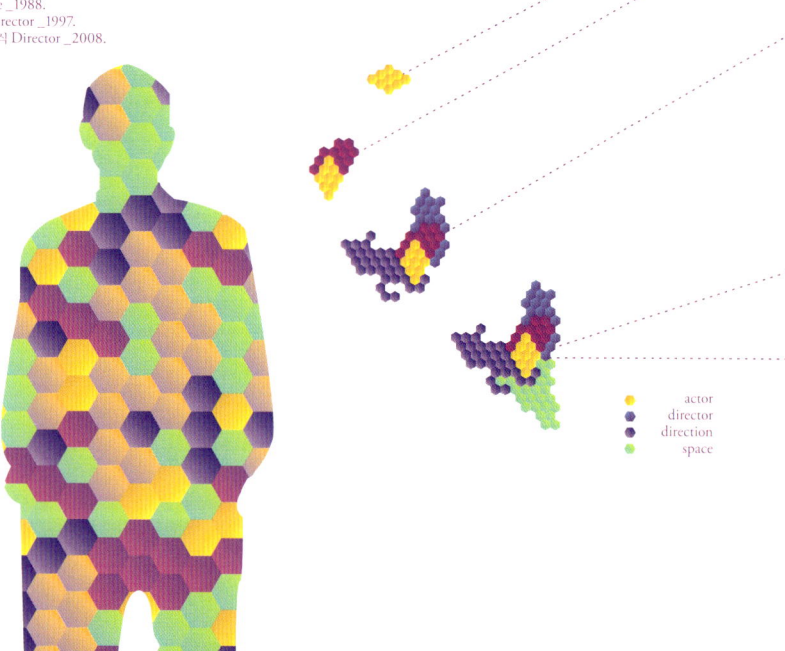

- actor
- director
- direction
- space

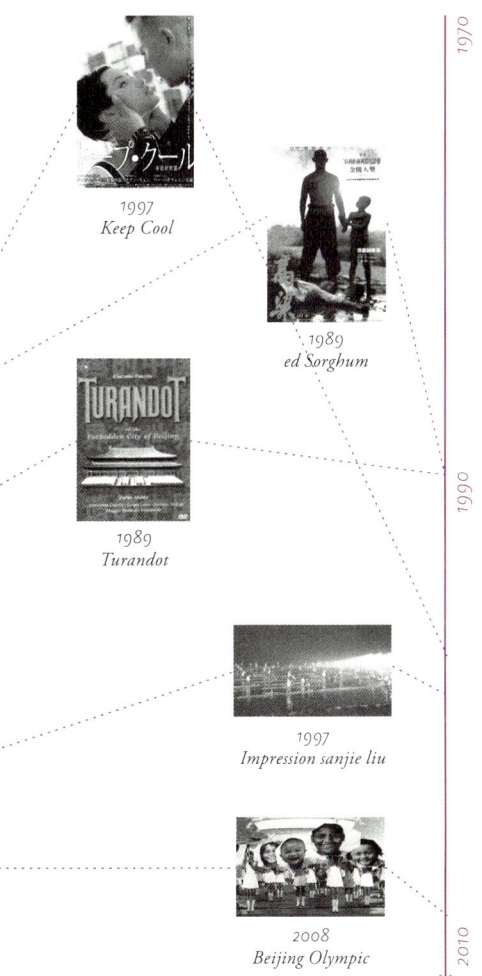

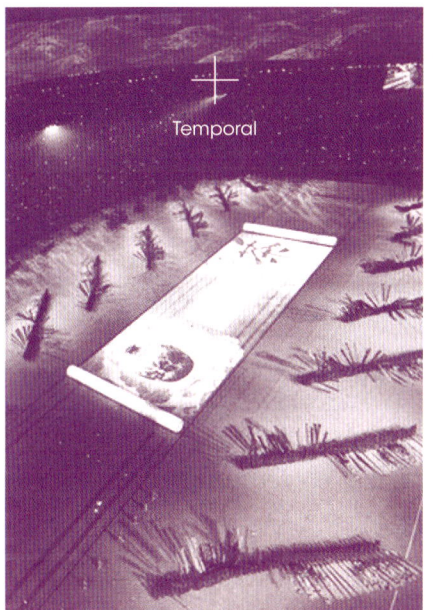

그림 69 | Beijing Olympic, Z·Y, 2008

그는 인간의 다양한 경험 중 순간에서 얻을 수 있는 감각을 포착하여 환상적인 공간을 창조한다. 그의 인문, 사회적 지식, 그리고 독특한 문화적 배경이 심어준 공간감과 색채감각으로 표출되어 색다른 경험을 제공한다.

01 공간디자이너의 유형
Type of Space Designer

- 11 -
Permanent
항구적으로 계속 유지되는 공간디자인

영속성을 추구하는 예술적 디자인

그가 창조한 빛의 공간은 경험자에게 침묵과 탄성을 동시에 선사한다. 빛이 어떻게 작용하는지를 관객이 사고하도록 이끄는 그의 작업은 방문자에게 능동적인 공간 체험을 제공한다.

J.T.
Born in Los Angeles_1943.
BA Psychology, Pomona College_1965.
Art Graduate Studies, University of California_1966.
MA Art, Claremont Graduate School_1973.
Work in Flagstaff, Arizona_2011.

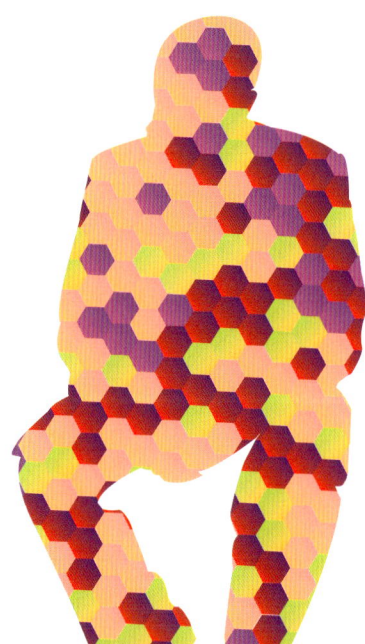

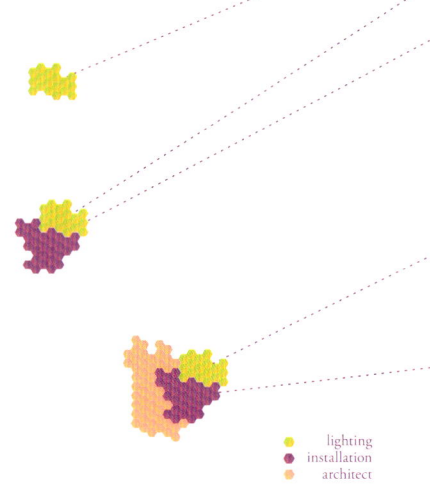

- lighting
- installation
- architect

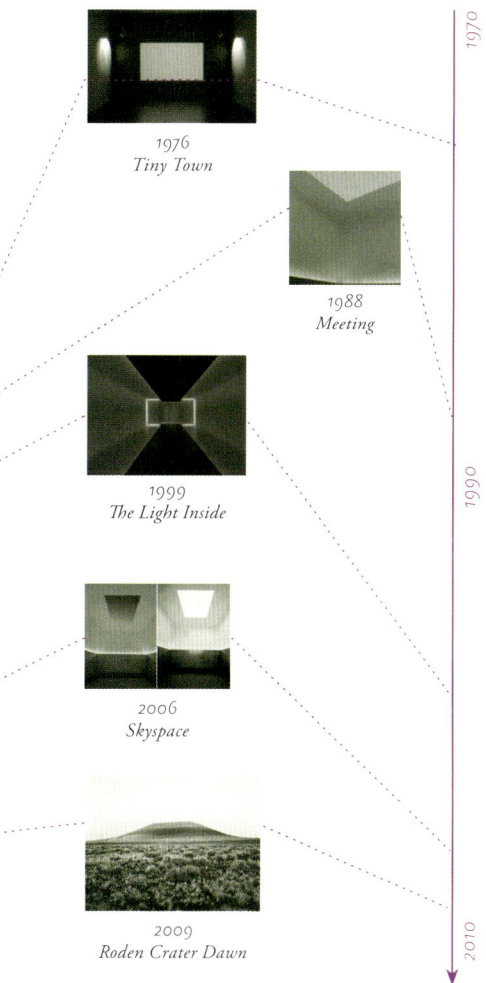

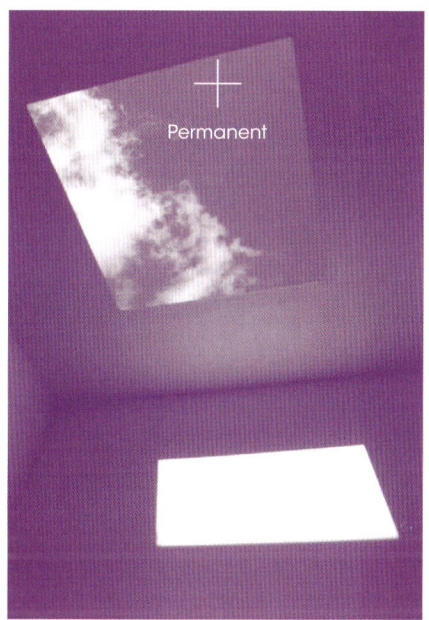

그림 75 | Sky space, J·T, 2006

그는 빛이라는 비물질을 공간화하여 영원히 사라질 것 같지 않은 종교적 영속성을 표현한다. 이는 소비적이며 양산적인 공간디자인에 반대하여, 인간내면의 진실성을 끌어올리는 새로운 기능의 공간디자인이다.

01 공간디자이너의 유형
Type of Space Designer

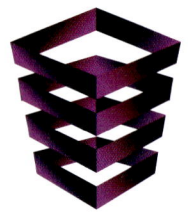

- 12 -
Fixed
이동성이 없으며 고정된 장소성을 지니는 공간디자인

소비자 공간과 현실적 공간디자인

그의 관심은 자본의 흐름 속에서 공간디자인이 어떻게 기능하는 가에 있다. 상업 공간디자인 분야에서 명성을 얻었으며, 건축과 제품 그리고 공간디자인까지 다양한 분야를 아우르며 사용자의 소비욕망을 건드릴 수 있는 공간디자인을 선보인다.

M.K.
Born in Japan_1966.
Became independent_1990.
Established H. Design Associates_1992.
Disbanded H. Design Associates_1999.
Established Wonderwall_2000.

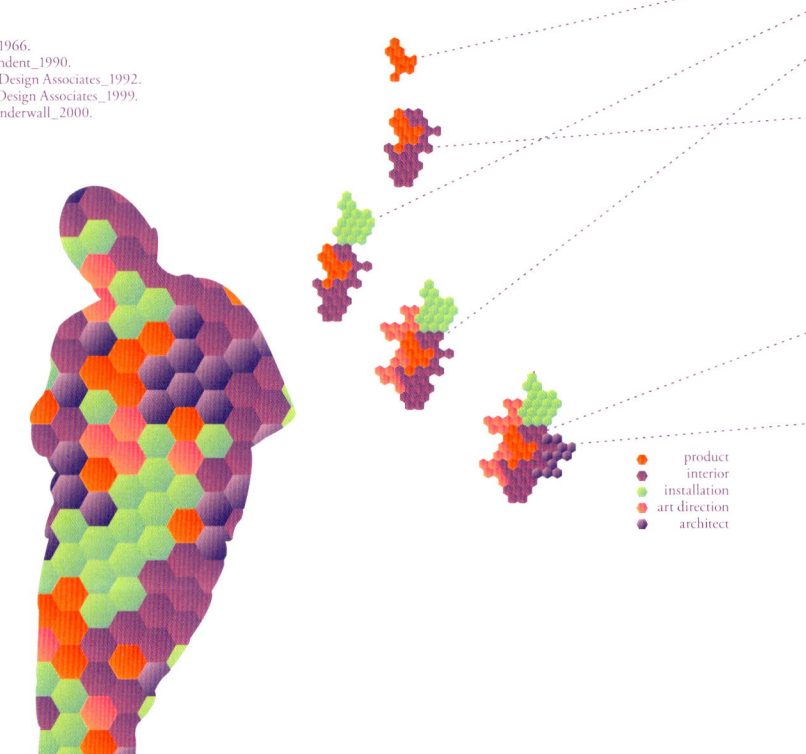

- product
- interior
- installation
- art direction
- architect

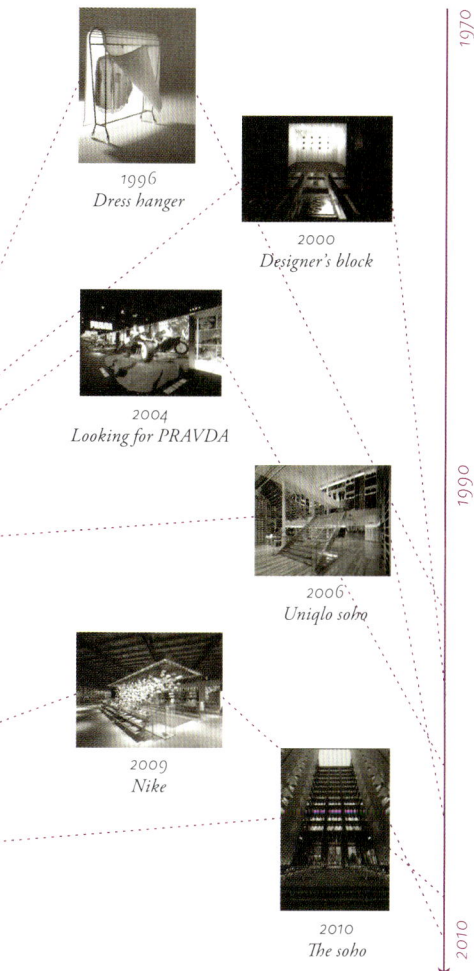

1996
Dress hanger

2000
Designer's block

2004
Looking for PRAVDA

2006
Uniqlo soho

2009
Nike

2010
The soho

그림 81 | The soho, M·K, 2010

그의 작품속의 상업적 속성은 일관되게 유지되고 있는데 특별히 대규모 스폰서의 작업에서 보다 두드러진다. 개인단위의 클라이언트인 경우에도 그의 작품은 트렌드나 취향에 민감하다.

01 공간디자이너의 유형
Type of Space Designer

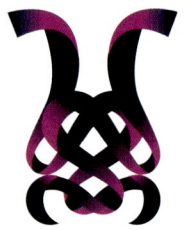

- 13 -
Flux
공간 및 경험이 유동성을 지니는 공간디자인

첨단기술과 시대의 흐름

그는 액체처럼 유연한 디지털 공간을 통해 공간디자인의 새로운 장을 열었다. 시각적으로만 구현되던 유기적 형상을 실재공간으로 실현시킴으로서 기존의 공간형식에서 벗어난 새로운 디자인을 제시하고 있다.

H.L.
Born in Egypt _1958.
Asymptote _1989.
Catedra luis barragan _2004.
Frederick kiesier _2004.

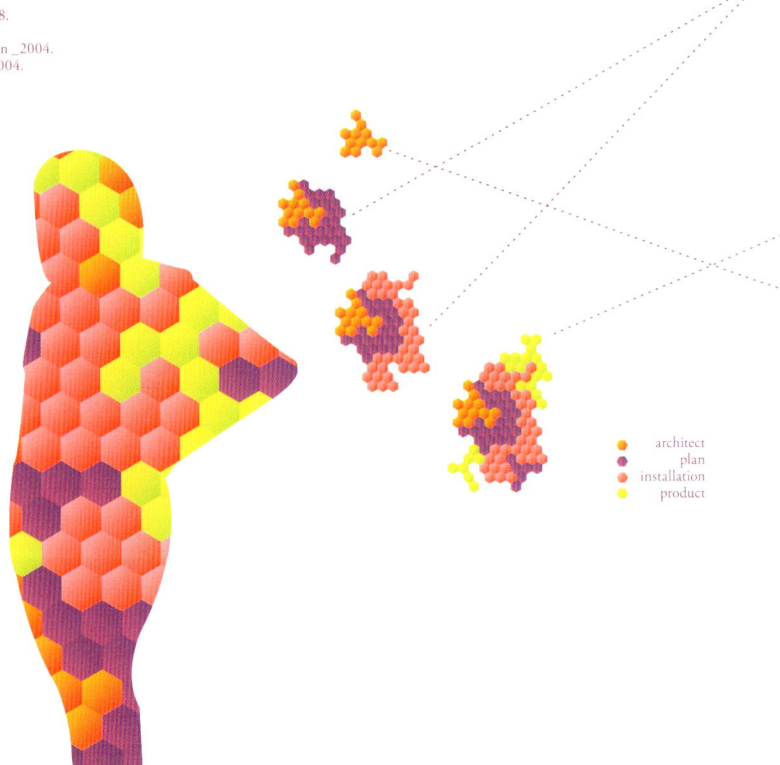

- architect
- plan
- installation
- product

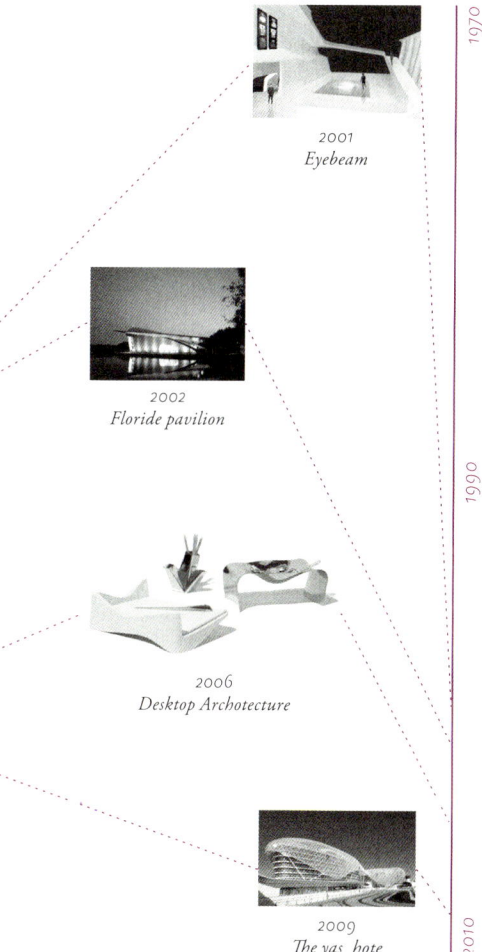

2001
Eyebeam

2002
Floride pavilion

2006
Desktop Archotecture

2009
The yas hote

1970

1990

2010

그림 88 | The yas hotel, H·R, 2009

기술의 발전과 인간의 욕망은 속도와 편의성추구라는 큰 이슈를 낳았으며, 이는 공간디자인에도 큰 영향을 미쳤다. 그의 공간은 현실 공간이 사이버공간, 커뮤니케이션 공간과 결합되는 방식을 통해 정보와 기술에 의한 공간디자인의 가능성의 확장을 보여준다.

01 공간디자이너의 유형
Type of Space Designer

- 14 -
Communal
시민의 삶에 총체적으로 서비스하는 공간디자인

질서, 안전, 매력, 장소성의 창조

도시민의 일상적 삶의 궤적을 추적하여 그들의 공간에 질서를 부여하고 장소성을 확립하며, 물질을 넘어 소통과 서비스를 디자인한다. 나아가 교육가, 저널리스트, 디자인 행정가로서의 역할을 통해 공간디자인의 총체적 통합과 새로운 지향을 제시하고 있다.

K.Y.
Born in Korea_1951
Prof. of Space Design, Seoul National University_1998
President, Korea Society of Public Design_2005
Deputy Mayor & CDO, Seoul Metropolitan Government_2007
Author, 16 Issues in Space Design_2001

- urban design
- space planning
- administration
- academic
- journal

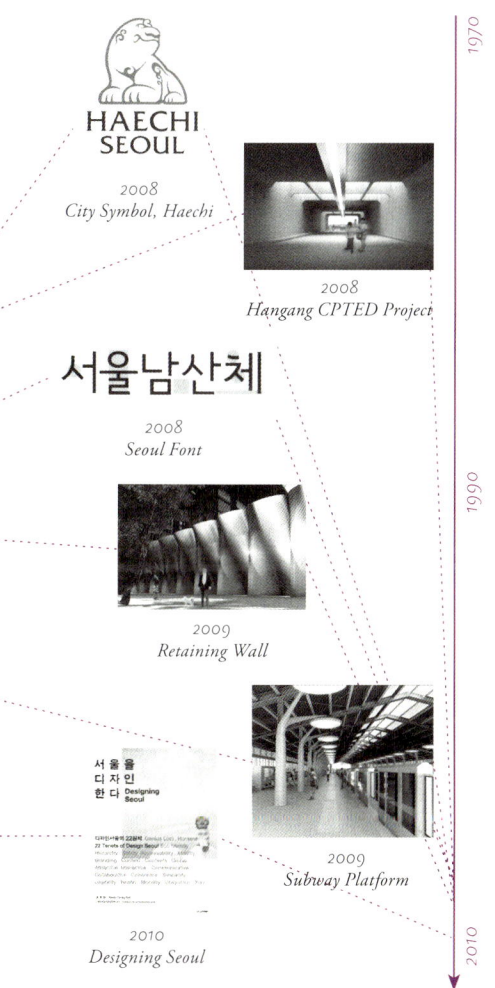

2008
City Symbol, Haechi

2008
Hangang CPTED Project

2008
Seoul Font

2009
Retaining Wall

2009
Subway Platform

2010
Designing Seoul

그림 93 | Design Seoul Guidelines, K·Y, 2007-2009

보이는 공간과 보이지 않는 공간의 합일, 시각 촉각 청각의 공감각적 연합, 순수주의와 하이브리드의 조정, 물리와 심리의 통일, 물질형식과 이야기의 통합, 자연화와 인간화의 조화, 개인화와 도시화의 조절, 보통 사람과 전문가의 제휴 등의 문제를 공간디자인과 도시행정의 접목을 통해 조직화하고 조율하는 시민서비스디자인.

8 공간디자인 론

공간디자이너 되기

03
공간 디자인의 길

01 공간디자인 별자리
Constellation of Space Design

01
공간디자인 별자리
Constellation of Space Design

"범주화가 지식을 제한하고, 더 큰 지식을 분열시킨다."는 장자의 말과 같이[17] 기존의 독립적이고 분화된 교육체계와 영역으로는 상호연결성과 네트워크로 정의되는 공간디자인을 수용할 수가 없다. 앞장에서 논의된 바에 의하면 공간디자이너의 교육과정은 조형예술이라는 본질과 인접영역과의 관계를 전제로 유기적인 체계를 이루어야 한다. '공간디자인 별자리'는 공간디자이너가 갖추어야 할 능력들을 마치 다양한 힘의 관계로 이루어진 우주의 속성과 같이 관계와 상호유사성에 입각하여 유기적으로 조직한 것이다. 이 별자리는 공간디자이너의 역할과 기능이 무한히 생성 진화를 거듭하듯, 관련된 영역의 지식과 방법론이 끊임없이 서로 융합되고 확장되는 모습을 제시한다.

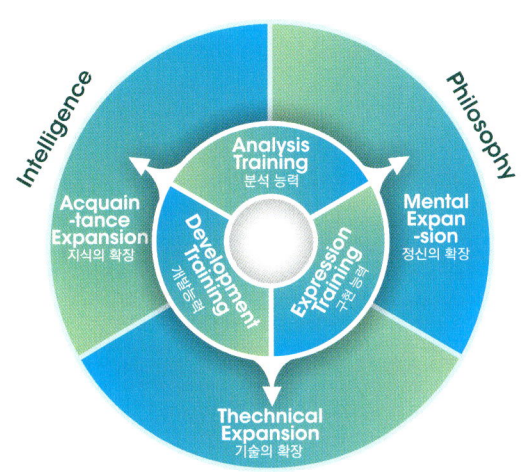

표 9 | 공간디자인 별자리의 체계

　공간디자인은 인간과 공간에 관련된 문제를 총체적으로 해결하는 과정이자 결과이다. 공간디자이너는 '분석-개발-구현'이라는 단계를 통하여 디자인을 수행하게 되는데, 이를 위하여 철학 *philosophy* , 지식 *knowledge*, 기술 *technique* 이라는 지적능력을 통합적으로 다루어야하는 것이다. 이러한 맥락을 기반으로 '공간디자인 별자리'는 공간디자이너가 되기위하여 함양해야하는 지적능력들의 소양을 위상적으로 보여주고 있다. 전체 우주 속에는 분석, 문제해결, 표현, 사고, 기술이라는 작은 은하계가 서로 연결되어 있다. 이를 통해 인류의 지적영역이라는 거대 우주 속에서 공간디자이너가 갖추어야 할 소양과 지식을 포괄적으로 살펴볼 수 있다. 별자리의 내부에는 기초적 소양을, 외부에는 심화된 지식을 제시하였으며, 갈래치기 *bifurcation*를 통하여 그 위계와 위상을 표현하였다. 가장 바깥쪽에는 공간디자이너의 역할에 따라 13개의 전문분야가 배치되어 있다.

13
Planning & Administration 기획, 행정

Governmental Researcher
Public Design Planner
Space & Behavior Investigator
Space Plannnig Agent
Social Designer for Human Right
Noncommercial Designer

12
Commercialization 상업화

VMD Specialist
Space Marketer

11
Structurization 구조화

3D Modeler
Specialist in Structure Development

10
Graphics 환경그래픽

Environmental Graphic Designer
Signage System Designer

09
Surrounded Media 공간미디어

Media Space Director
Space Media Designer
Space Sound Disigner

08
Site Product 시설물

Lighting Designer
Street Furniture Designer
Furniture Designer

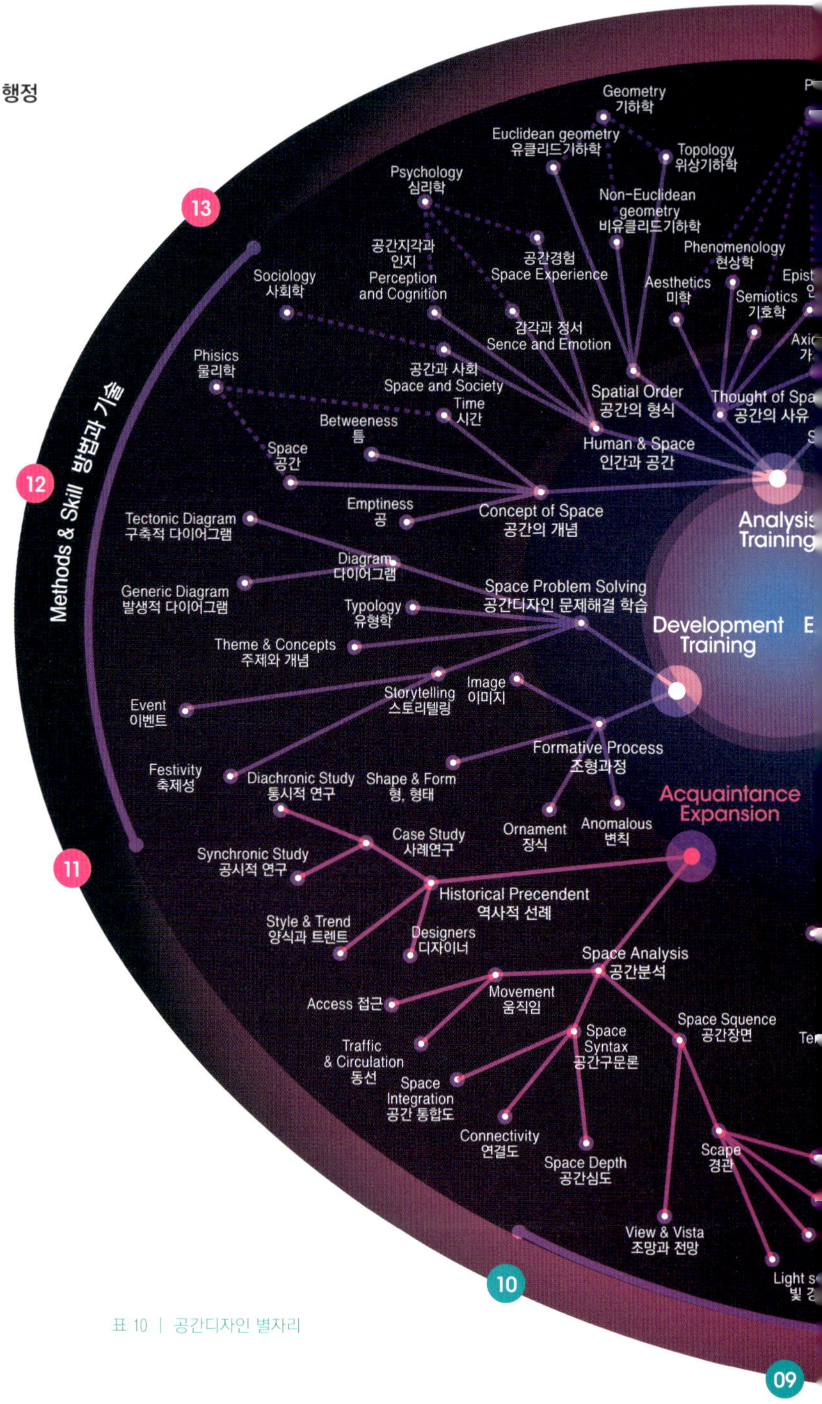

표 10 | 공간디자인 별자리

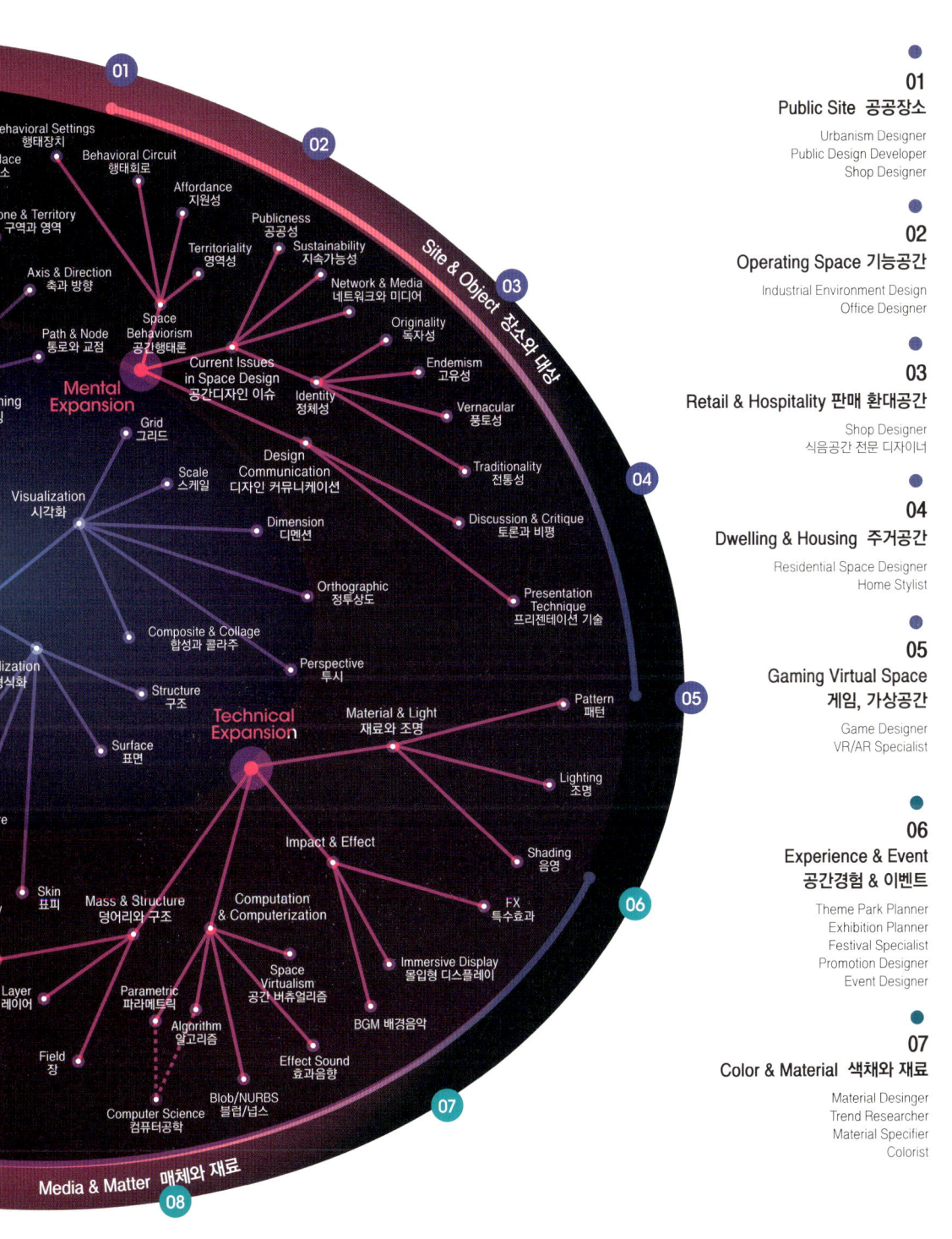

● 01
Public Site 공공장소
Urbanism Designer
Public Design Developer
Shop Designer

● 02
Operating Space 기능공간
Industrial Environment Design
Office Designer

● 03
Retail & Hospitality 판매 환대공간
Shop Designer
식음공간 전문 디자이너

● 04
Dwelling & Housing 주거공간
Residential Space Designer
Home Stylist

● 05
Gaming Virtual Space
게임, 가상공간
Game Designer
VR/AR Specialist

● 06
Experience & Event
공간경험 & 이벤트
Theme Park Planner
Exhibition Planner
Festival Specialist
Promotion Designer
Event Designer

● 07
Color & Material 색채와 재료
Material Designer
Trend Researcher
Material Specifier
Colorist

01
공간디자인 별자리
Constellation of
Space Design

- 01 -
Analysis Training

정보수집과 분석에 관한 연습

공간디자인 학습과정의 첫 번째 지적향상 단계이다. 공간은 단일계의 물리적인 상태로 존재하기도 하고, 비어있다는 관념적 상태로 존재하기도 하며, 인간의 감각을 통해 지각된 인지적 상태로 존재하기도 한다. 따라서 이와 같은 공간의 다각적 개념을 이해하고 인간의 심리와 사회에 영향을 미치는 구조를 학습해야한다. 이를 통하여 공간디자인 과정에서 분석의 요인을 찾는 소양과 능력을 연습하게 된다.

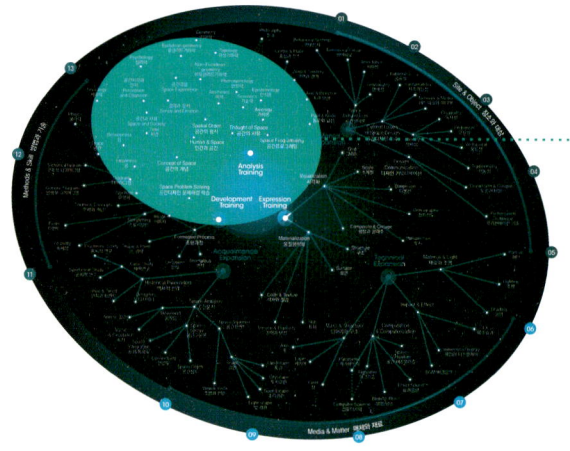

키맵 key map - 별자리 constellation

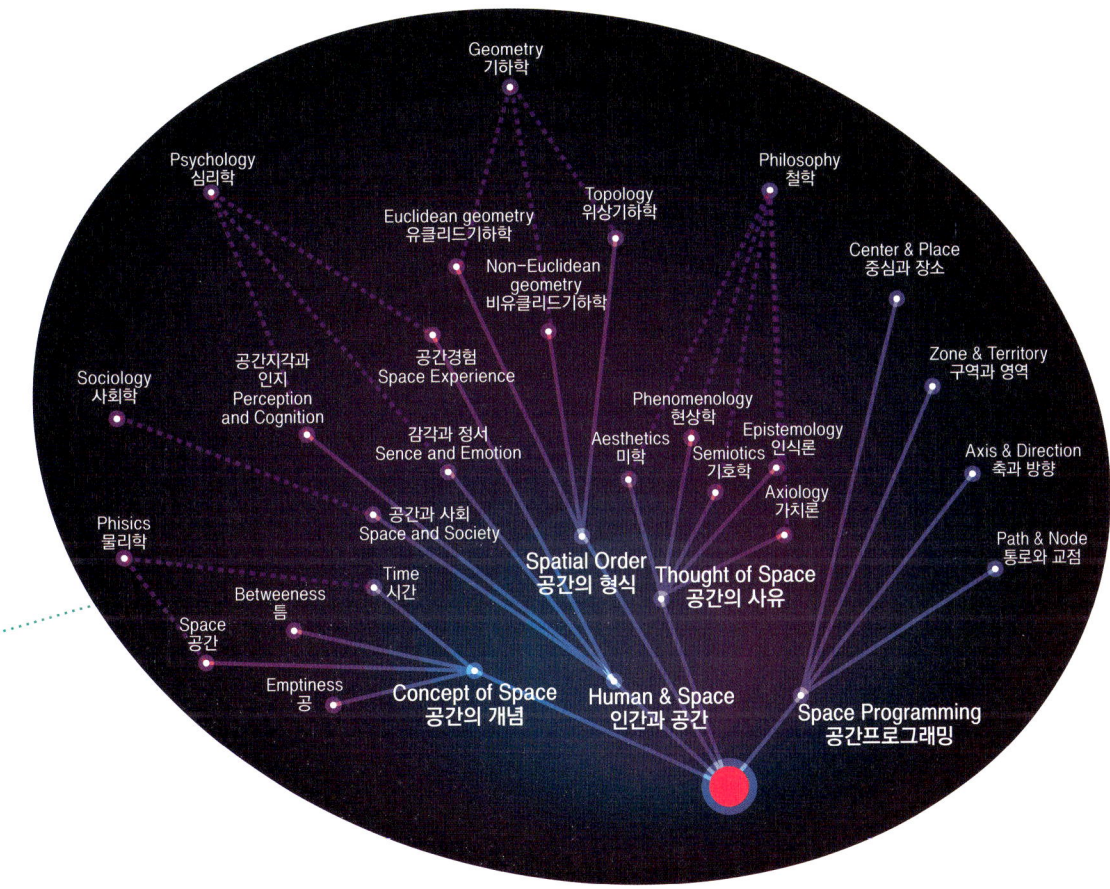

하부구조 substructure

공	공간	틈	시간	물리학	공간과 사회	공간지각과 인지	감각과 정서	공간경험
기하학	유클리드기하학	비유클리드기하학	위상기하학	미학	현상학	기호학	인식론	가치론
중심과 장소	구역과 영역	축과 방향	통로와 교점

093

01
공간디자인 별자리
Constellation of Space Design

- 02 -
Development Training

문제해결과 발전에 관한 연습

디자인프로세스중 문제를 찾고 해결하는 과정에는 여러 유형의 사고가 요구된다. 다양한 정보를 유형화 하고 주제와 개념을 정립하는 과정, 이야기를 통하여 내용을 정리하는 과정 등의 관념적 사고 뿐만 아니라, 이를 시각적으로 소통하기 위한 과정도 필요하다. 이처럼 시각적으로 사고하는 능력은 이미지나 형태를 생성해내는 조형과정을 통해 습득할 수 있다.

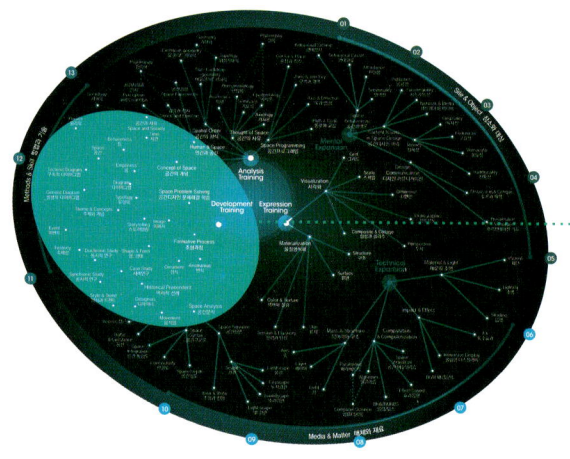

키맵 key map - 별자리 constellation

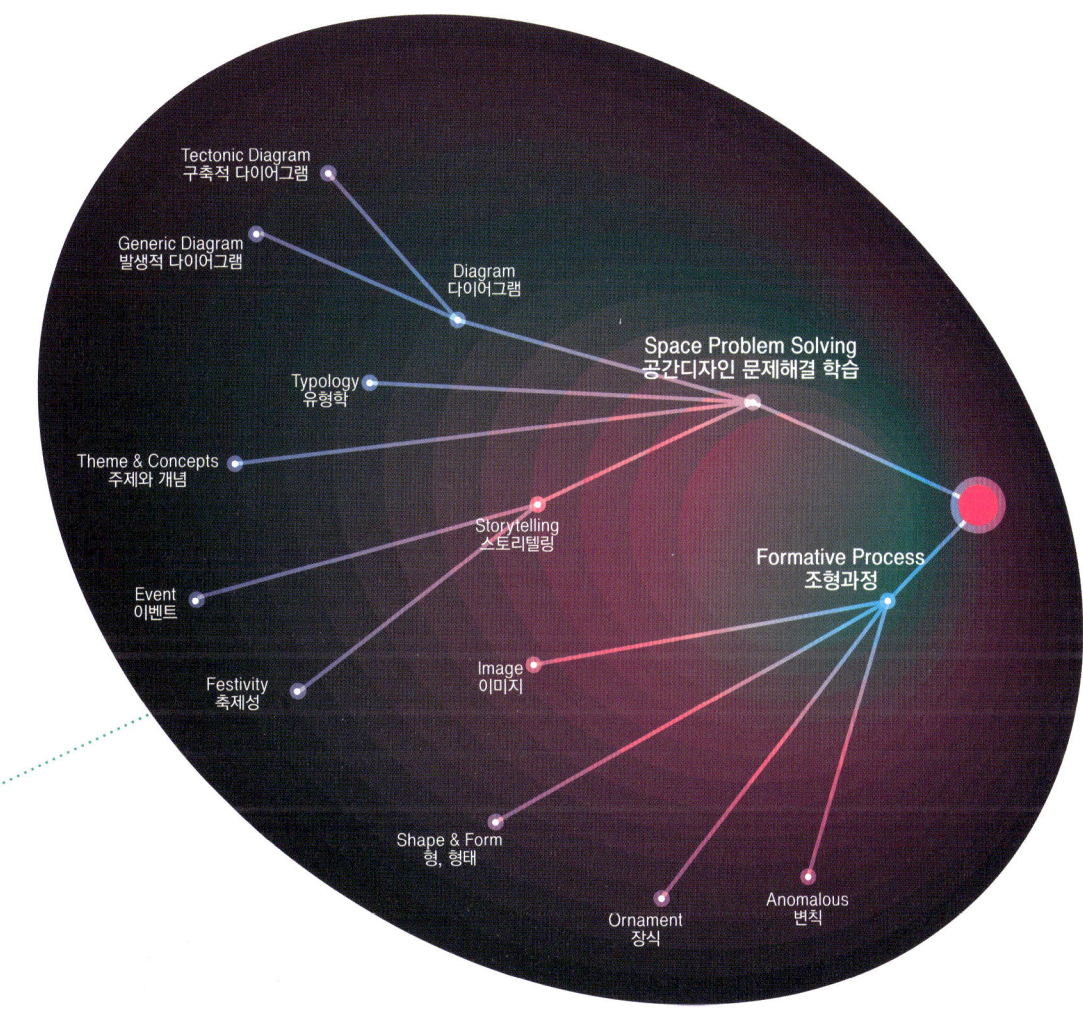

하부구조 substructure

| 변칙 | 장식 | 형,형태 | 이미지 | 스토리텔링 | 축제성 | 이벤트 |
| 주제와 개념 | 유형학 | 다이어그램 | 구축적 다이어그램 | 발생적 다이어그램 |

01
공간디자인 별자리
Constellation of
Space Design

- 03 -
Expression Training

표현과 전달에 관한연습

공간을 기획하고 디자인하는 과정에서 생산되는 무형의 개념을 물질적인 표현 매체로 전달하는 과정에 관한 연습이다. 이는 타인과 공간적 정보를 소통하기 위한 목적뿐 아니라 디자이너 스스로가 자신의 관념과 소통하는 방법에 관한 것이기도 하다. 시각적 전달능력, 재료와 물성을 통한 감성적 표현 방법을 포함하고 있다. 이것은 평면적으로 표현되어 지는 스케치, 드로잉, 렌더링, 도면 등에 관현 표현 연습일 뿐만 아니라 모형, 실험, 재료, 구조에 관한 입체적인 표현에 연습에 해당되기도 한다.

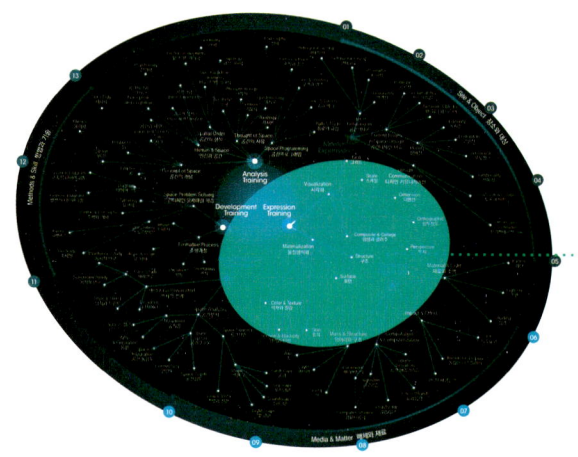

키맵 key map – 별자리 constellation

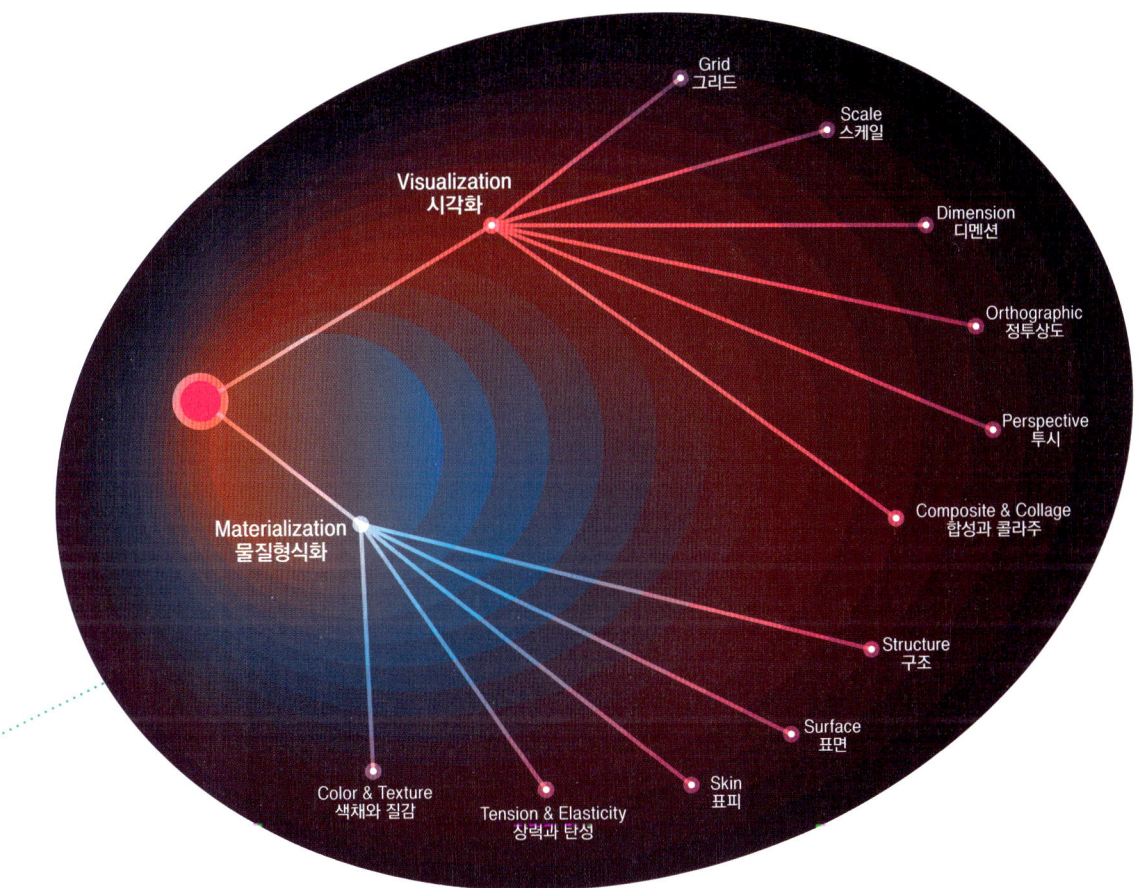

하부구조 substructure

| 색채와 질감 | 장력과 탄성 | 표피 | 표면 | 구조 |
| 합성과 콜라주 | 투시 | 정투상도 | 디멘션 | 스케일 | 그리드 |

097

01 공간디자인 별자리
Constellation of Space Design

- 04 -
Mental Expansion

관념적 사고의 확장

공간디자이너는 시대를 관통하는 철학과 사회 전반에 대한 관심을 가지고 있어야한다. 앞서 '정보수집과 분석에 관한 연습'단계에서 사고의 과정을 연습하였다면, 이 단계는 의식의 수준을 넓혀가는 과정으로 볼 수 있다. 인간의 행태, 영역, 공공성, 환경과 네트워크 등의 사회적인 현상을 폭 넓게 다루고 있다. 이를 통해 사회와 문화의 전반에 걸쳐 기여할 수 있는 지식과 사고를 훈련할 수 있다. 또한 토론, 비평, 세미나, 프레젠테이션 등 타인과 능숙하고 원활하게 소통할 수 있는 능력도 배양한다.

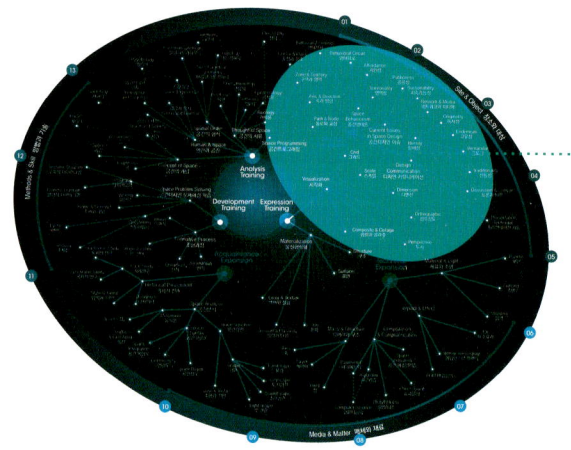

키맵 key map – 별자리 constellation

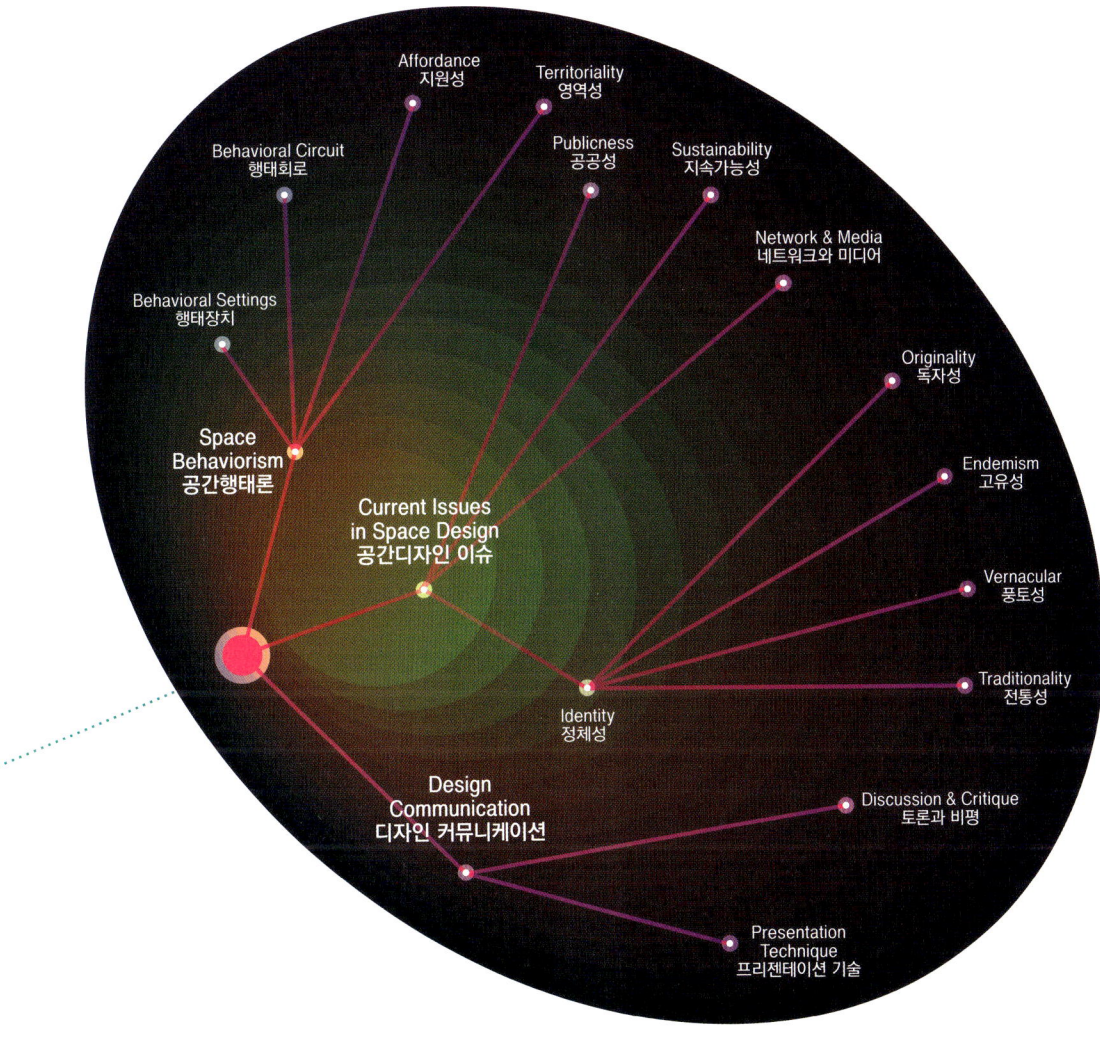

하부구조 substructure

| 행태장치 | 행태회로 | 지원성 | 영역성 | 공공성 | 지속가능성 | 네트워크와 미디어 |
| 독자성 | 고유성 | 풍토성 | 전통성 | 토론과 비평 | 프레젠테이션 기술 |

01 공간디자인 별자리
Constellation of Space Design

- 05 -
Acquaintance Expansion

보편적 지식의 확장

공간을 디자인하는 과정에서 생겨나는 무수한 종류의 문제를 해결하기 위해서는 주변영역을 넘나드는 확장적 지식을 필요로 하기도 한다. 이는 디자인 문제해결을 위하여 습득하고 있어야할 전반적인 지식과 이에 대한 이해를 의미한다. 이 과정에서는 역사적 선례를 통하여 작품과 디자이너의 사례, 양식과 트렌드의 변화를 연구할 수 있고, 기능과 동선을 배치하기 위한 지식, 공간을 정량적으로 분석하기 위한 방법, 공간의 장면을 구성하는 방법 등을 습득할 수 있다.

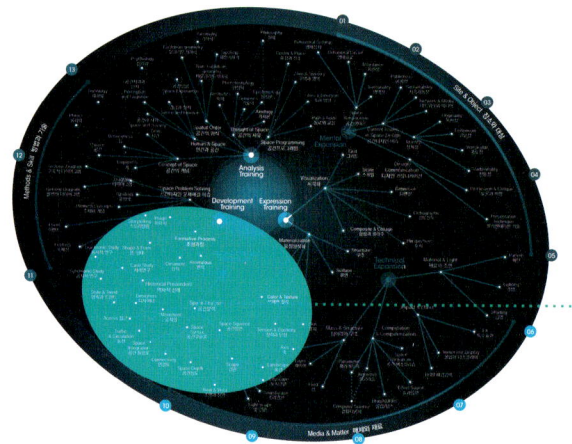

키맵 key map - 별자리 constellation

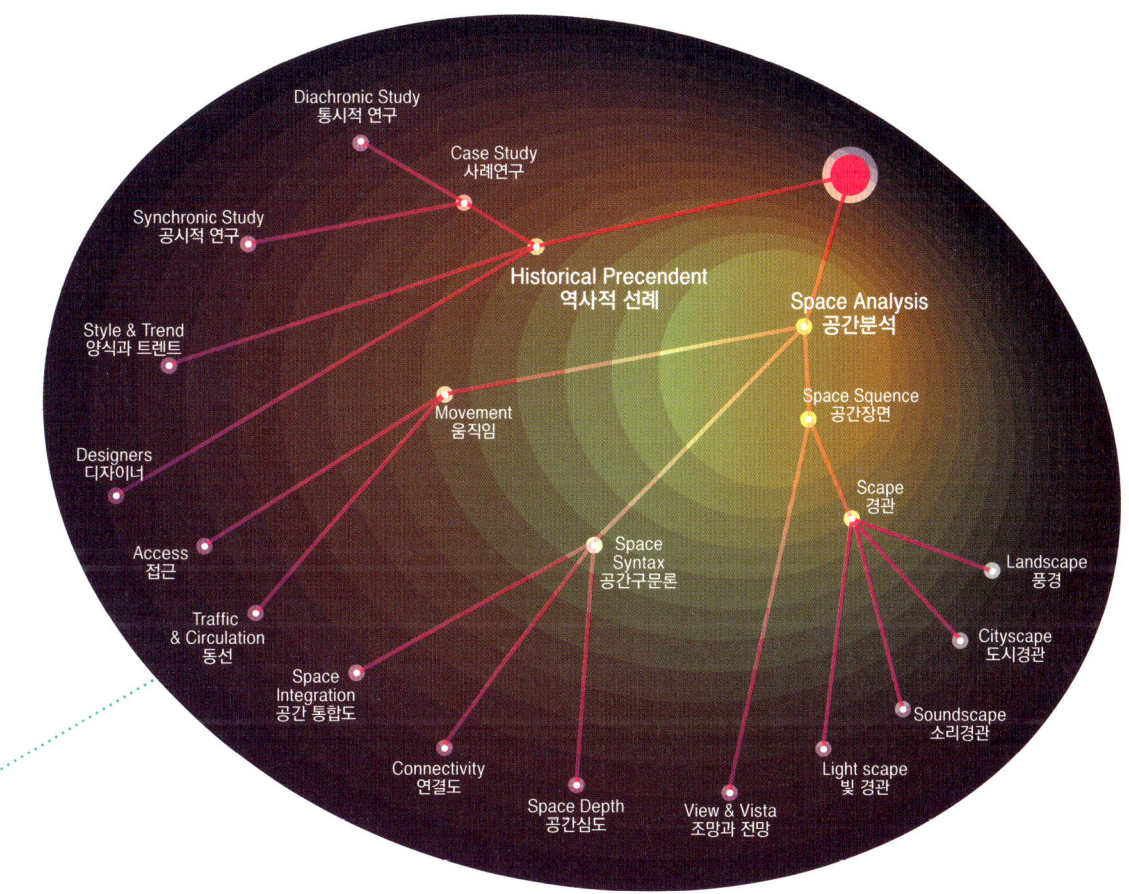

하부구조 substructure

| 통시적 연구 | 공시적 연구 | 양식과 트렌드 | 디자이너 | 접근 | 동선 |
| 공간 통합도 | 연결도 | 공간심도 | 조명과 전망 | 빛 경관 | 소리경관 | 도시경관 | 풍경 |

01 공간디자인 별자리
Constellation of Space Design

- 06 -
Technical Expansion

전문적 기술의 확장

이 과정은 디자인 결과물을 완성하는데에 필요한 작업의 방법을 익히는 동시에 새로운 과정을 창조해 나가는 연습과정이다. 구조물을 구성하는 *mass*와 *structure*를 구성하는 방법, 컴퓨터를 이용하여 디자인의 과정의 효율을 높이고, 새로운 디자인 환경을 구축해나가는 방법, 공간연출을 위한 음향, 빛, 촉각적 효과 등을 구현하는 것 등을 포함한다.

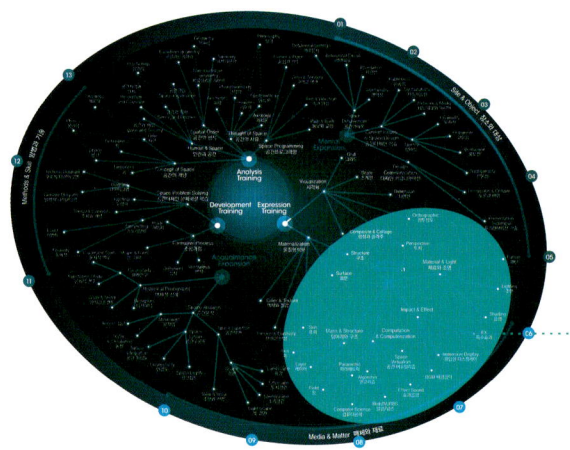

키맵 key map - 별자리 constellation

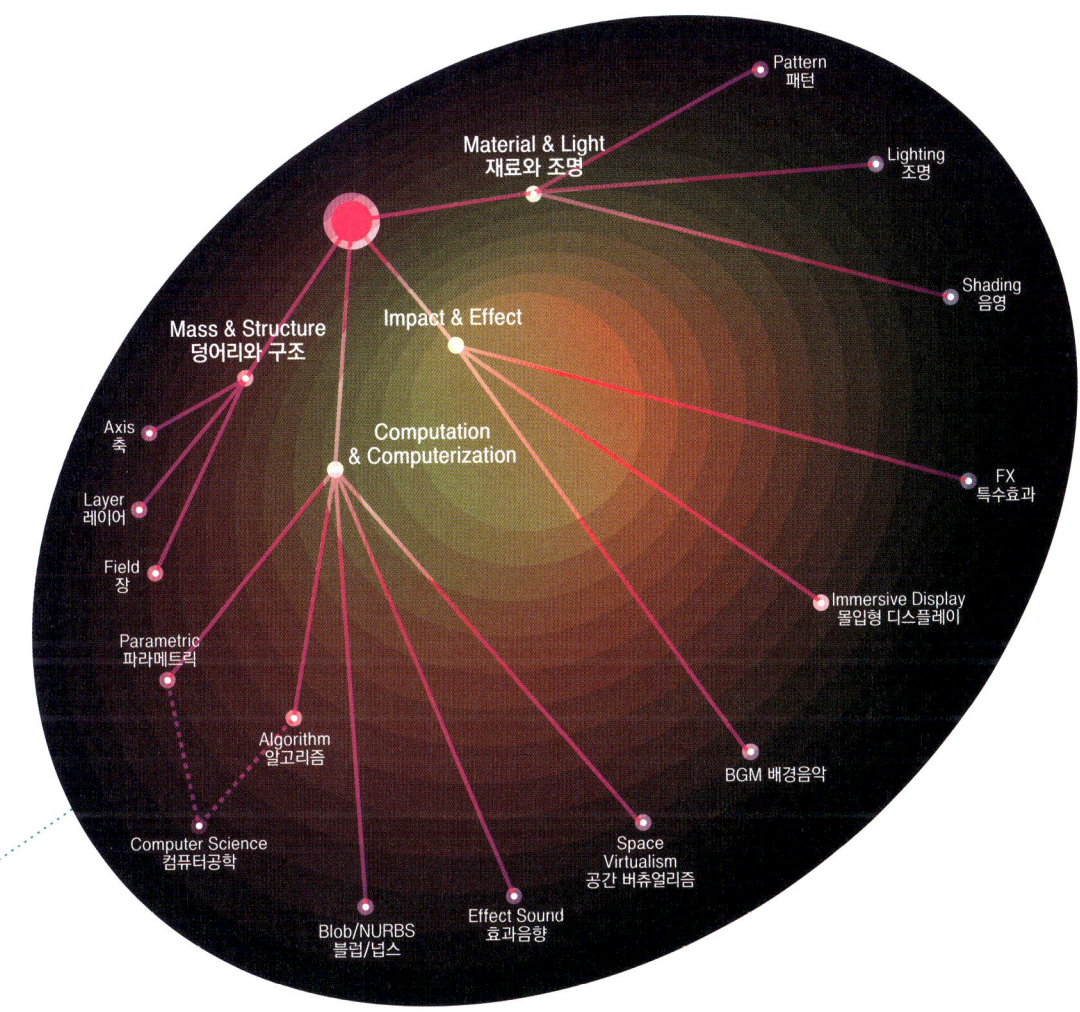

하부구조 substructure

| 축 | 레이어 | 장 | 파라메트릭 | 알고리즘 | 블럽/넙스 | 효과음향 | 공간 버츄얼리즘 |
| 배경음악 | 몰입형 디스플레이 | 특수효과 | 음영 | 조명 | 패턴 |

02
공간디자이너로 가는 길
The Way to
Space Designer

- CASE 01 -
Urbanism Designer

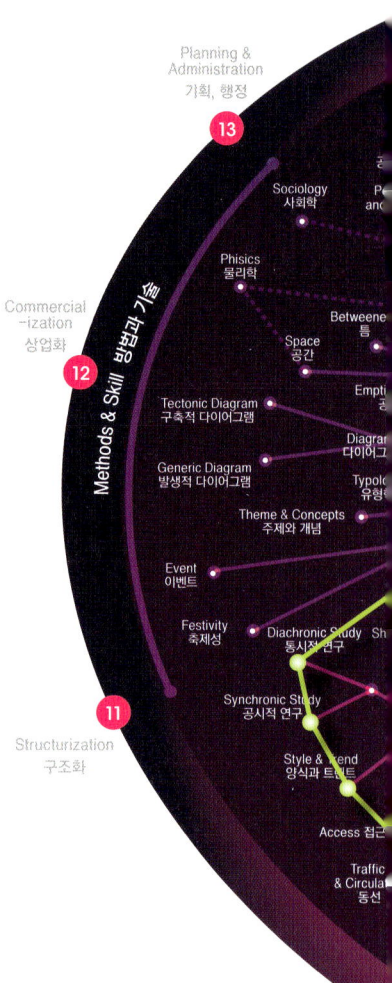

*Urbanism Designer*는 도시 맥락에 부합하는 새로운 장소의 구현, 경관의 조율을 통한 도시 정체성의 회복, 건강한 도시 공동체 구성을 위한 커뮤니티 시설의 계획 등의 역할을 수행한다. 따라서 사회, 경제, 정치, 문화, 역사와 같이 도시의 공간변화에 영향을 미치는 제요소에 대한 이해와 통찰력을 지니고 있어야 한다. 무엇보다 각 도시가 지닌 사회, 정치, 문화, 역사적 특성을 유형화할 수 있는 분석적 능력과 이를 통하여 도시의 독자성, 고유성, 풍토성, 전통성을 포착할 수 있는 능력 및 창조적 응용력이 요구된다. 또한 도시에 대한 분석은 곧 도시의 구성원인 인간에 대한 이해를 전제로 하고 있는바 도시의 경험자로서 인간의 행태적 특성, 인간의 집합체인 사회가 지닌 공간학적 특성 등을 분석하는 능력도 요구된다.

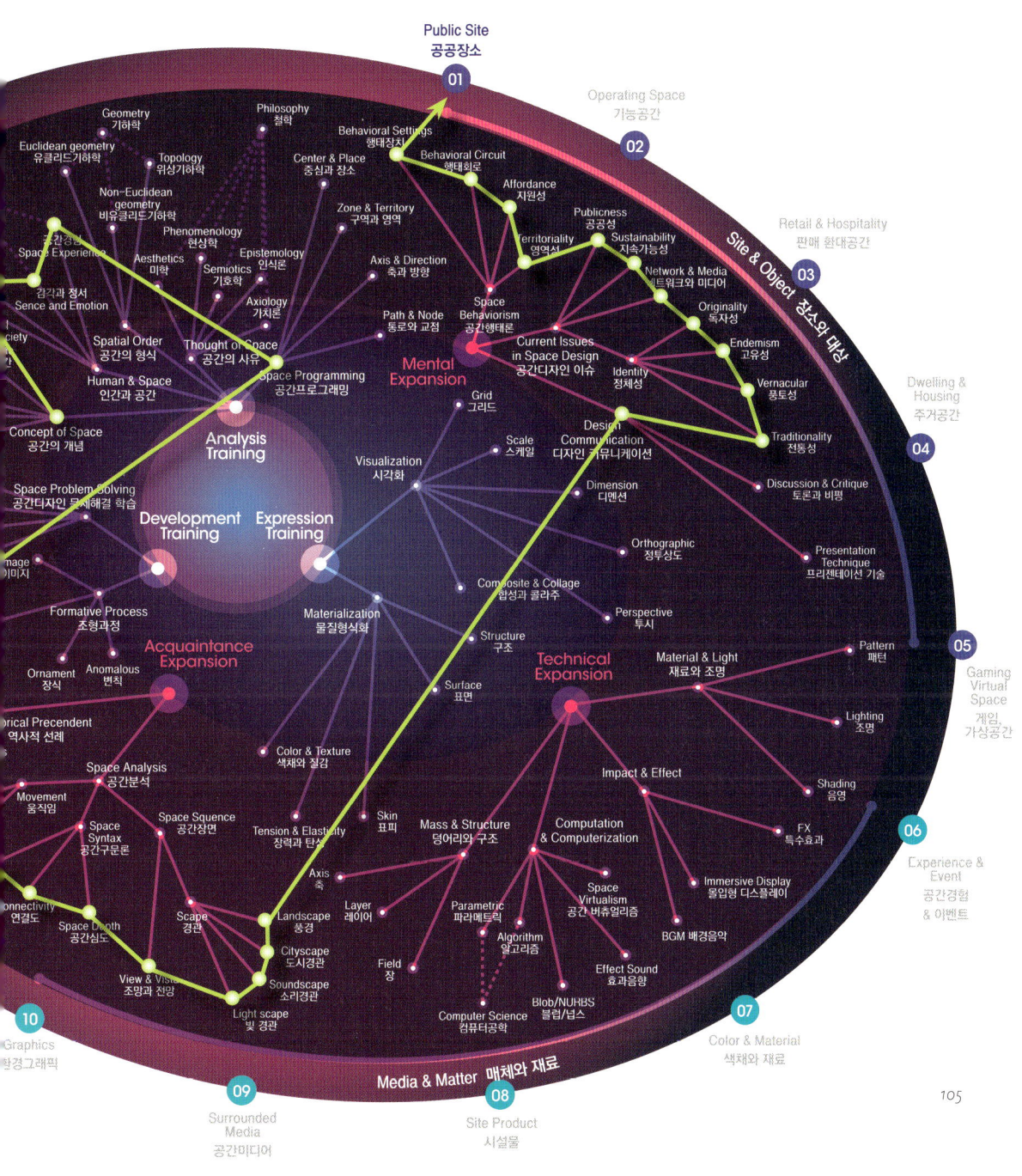

02
공간디자이너로 가는 길
The Way to
Space Designer

- CASE 02 -
VMD Specialist

VMD, Visual Merchandising은 상업공간의 시각적 연출을 통하여 기업 정체성, 브랜드 아이덴티티, 상품 이미지 등을 창조하고 관리하는 역할이다. VMD Specialist의 능력에 따라 기업 및 브랜드의 경쟁력이 좌우되므로 기업 마케팅 측면에서도 매우 중요하다. VMD Specialist는 소비자의 무의식 속에 존재하는 경험과 감성을 자극할 수 있도록 감각적이고 감성적인 공간연출을 할 수 있어야 한다. 이를 위하여 브랜드 및 상품의 특성에 응용할 수 있는 다양한 예술적 양식들을 습득해야 하며, 트렌드 등의 정보에도 빠르게 접근할 수 있어야 한다. 또한 소비자의 입장에서 긍정적인 정서반응을 유도할 수 있도록 인간의 공간지각과 인지특성 및 공간경험에 대한 메커니즘 등을 이해하여야 한다.

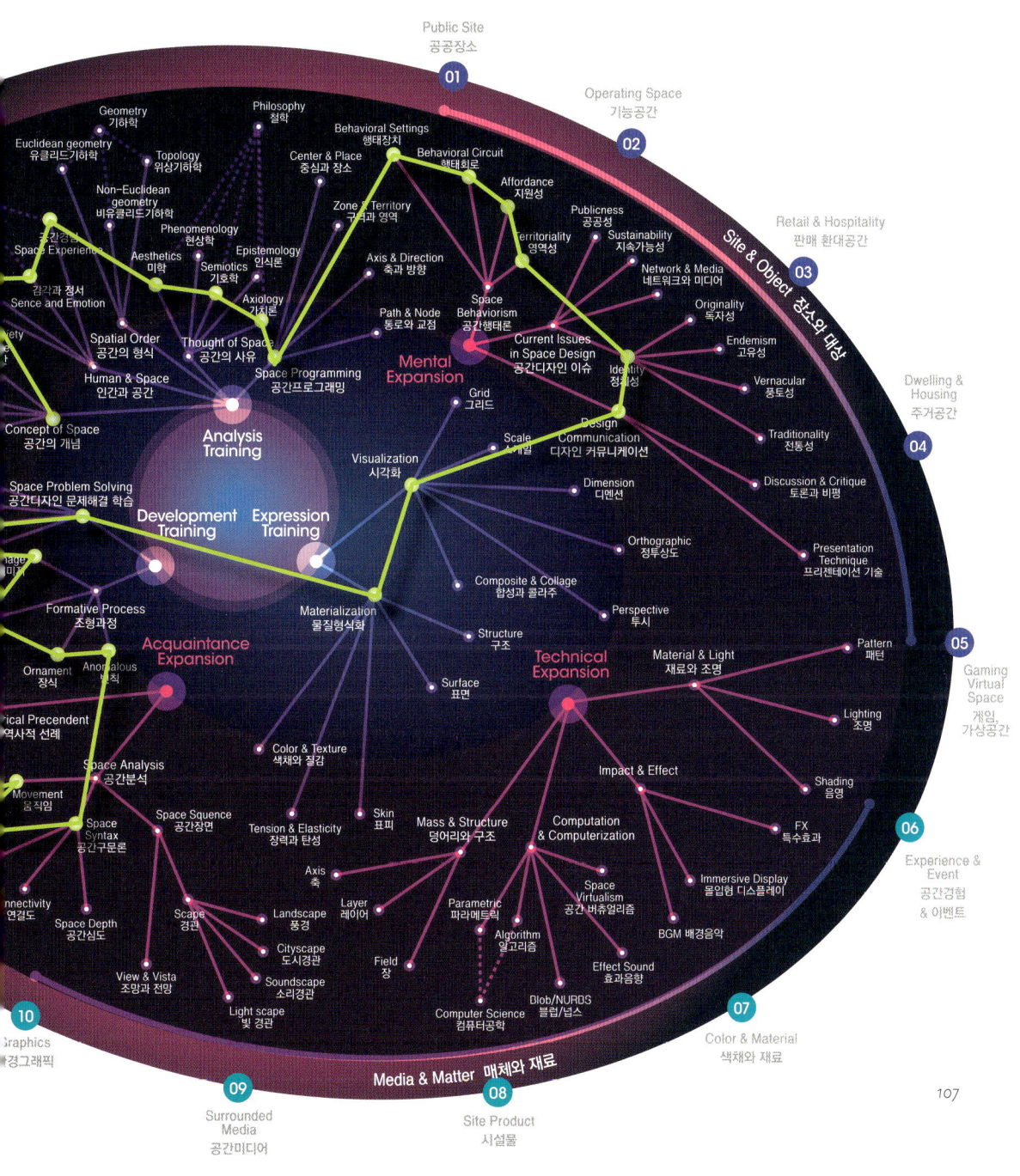

02 공간디자이너로 가는 길
The Way to Space Designer

- CASE 03 -
Event Designer

*Event Design*은 사람들의 비일상적 참여를 유도할 수 있도록 디자인과 공간연출을 기획하는 일을 의미한다. 마케팅을 위한 프로모션 *promotion*을 비롯하여 각종 축제, 공연 등이 이벤트에 포함된다. 모든 이벤트는 집단의 참여를 전제로 하고 있으며, 시각, 청각, 촉각 등 감각적 변화와 사람들의 행위를 조율한다는 점에서 '시간'이라는 개념이 매우 중요한 작업이다. 일시적으로 나타났다 사라지는 디자인이지만, 공간형식과 인간행태, 시간을 동시에 다루어야 하기 때문에 섬세한 기획력이 요구된다. 따라서 음악, 빛, 색채 등 예술적 연출에 대한 기법과 기술에 대한 이해가 필요하다. 또한 인간의 행위패턴과 감각적 호소는 문화권에 따라 양상이 다르게 나타나므로 문화 및 민족적 특성에 대한 폭넓은 지식을 갖추어야 한다.

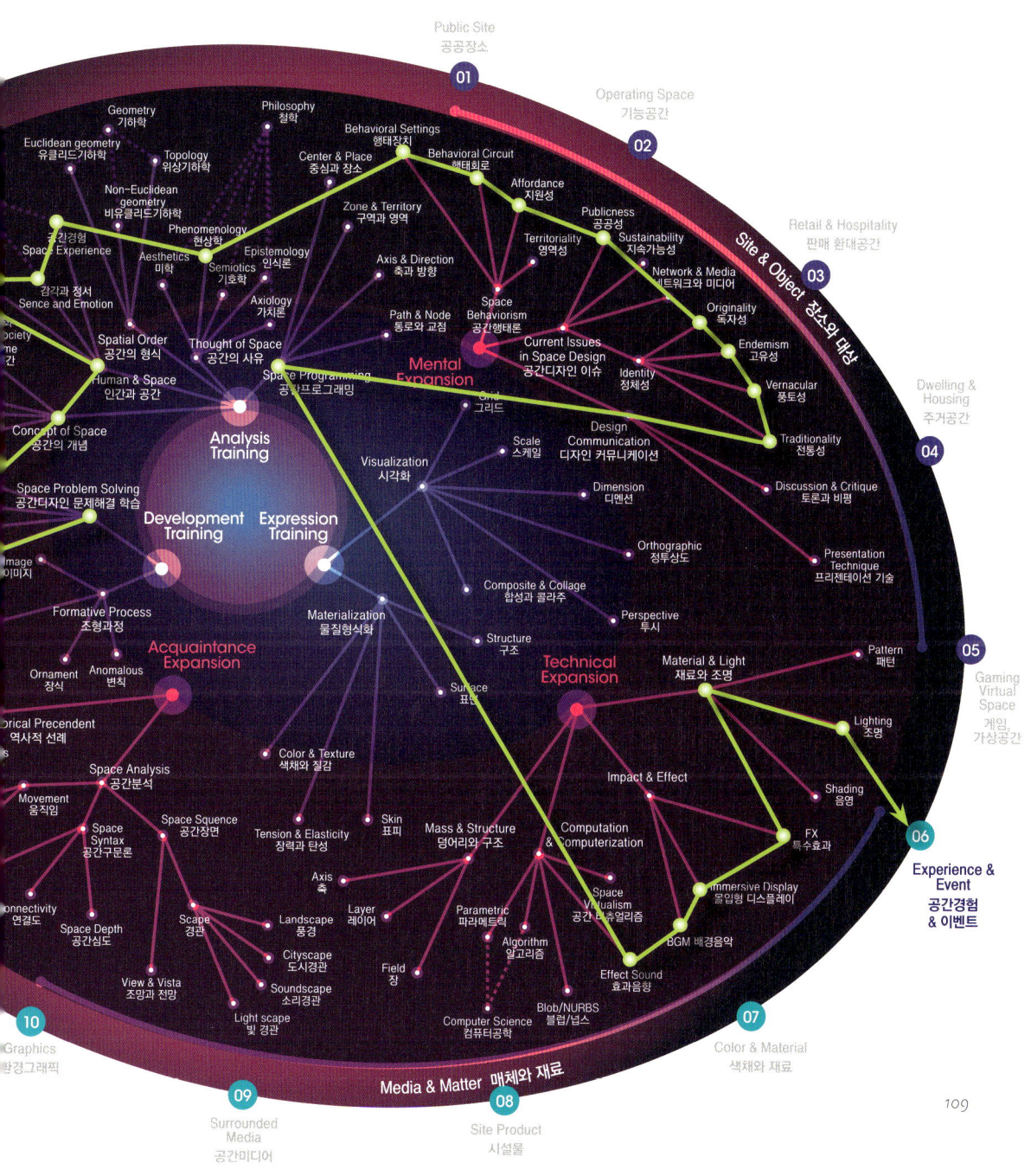

02 공간디자이너로 가는 길
The Way to Space Designer

- CASE 04 -
Residential Space Designer

주거공간은 인간이 살아가기 위해 필요한 기본적인 욕구의 수용과 가족관계의 유지를 위한 기본단위이다. 문명이 발전하면서 주거의 형식도 다양해졌는데, 도시화로 인한 인구의 집중으로 공동주거문화가 보편화 되었고, 최근에는 독신자 주택, 실버주택, 홈오피스 등 다양한 유형의 주거공간이 요구되고 있다. 따라서 *Residential Space Designer* 는 인간의 생리적 욕구에서부터 기능적, 문화적 만족감에 이르기 까지 고객의 다양한 요구에 대응할 수 있도록 공간, 인간, 사회를 둘러싼 포괄적인 지식을 습득하여야 한다. 또한 주거공간은 개인의 삶에 대한 문화적인 표현을 의미하므로 양식과 트렌드에 대한 지식도 폭넓게 갖추어야 한다.

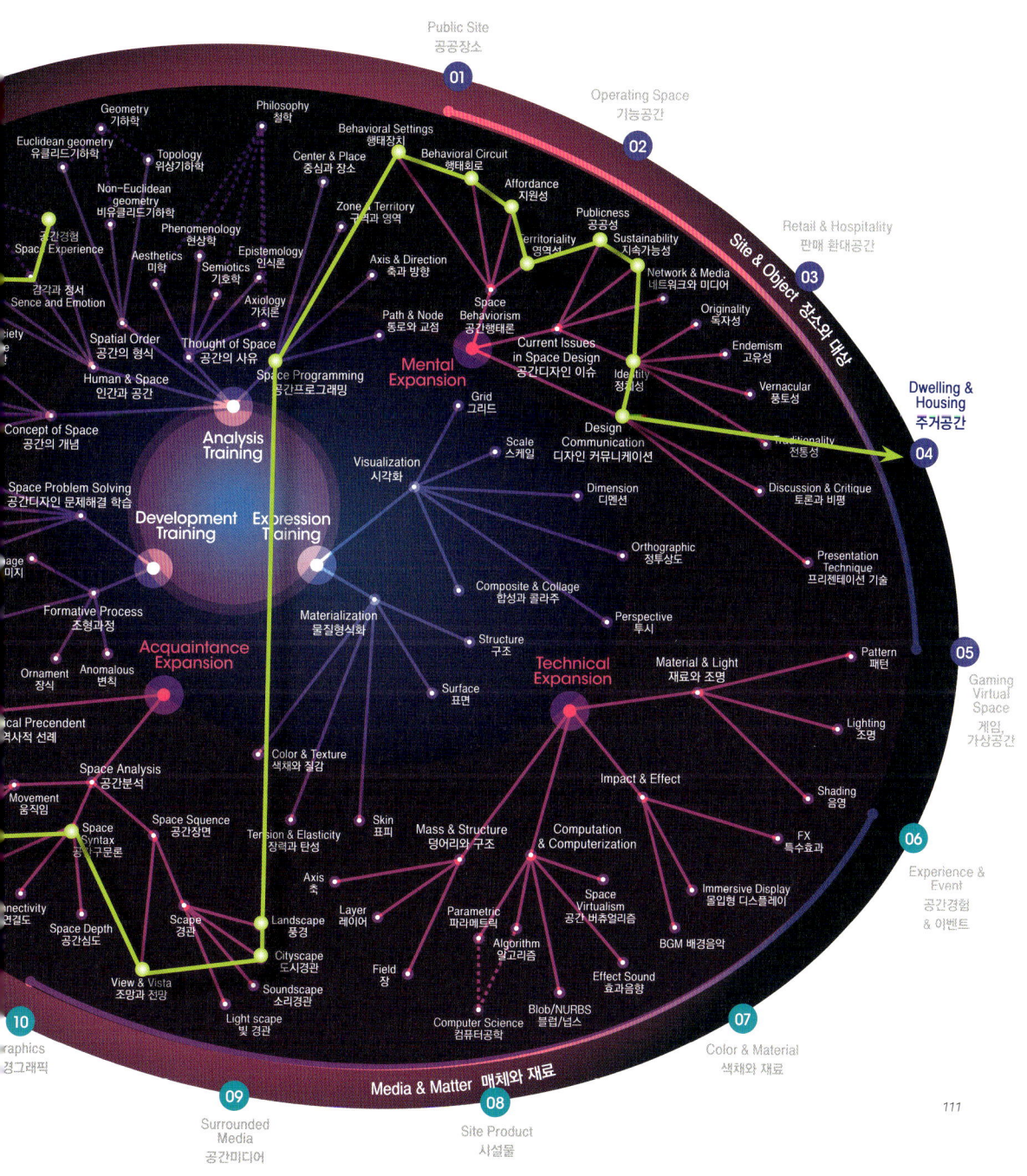

02
공간디자이너로 가는 길
The Way to
Space Designer

- CASE 05 -
Specialist in Structure Development

03 공간디자이너의 길

*Specialist in Structure Development*는 아이디어 상태에 머물러 있는 공간디자인이 구축될 수 있도록 구조적으로 실현가능한 해결방법을 제시하고, 공법과 디테일을 결정하는 역할을 한다. 특히 복잡성과 불규칙성을 조형언어로 삼는 현대 공간디자인에 있어 창의적인 구조문제 해결은 공간디자인의 물질적 구현을 넘어 조형미와 예술성의 완성과 직결된다. 최근에는 알고리즘 *algorithm*과 파라메트릭 *parametric* 등 디지털 환경을 통한 구조설계가 가능해져 구조문제의 해결과정이 곧 디자이너의 창의적 자원이 되었다. 이와 관련된 기술과 조형기법을 학습하면, 공간디자인의 형태와 구조 *mass and structure* 뿐 아니라 변칙 *anomalous*을 통한 마감기법과 질감의 개발 등 다양한 응용이 가능하다.

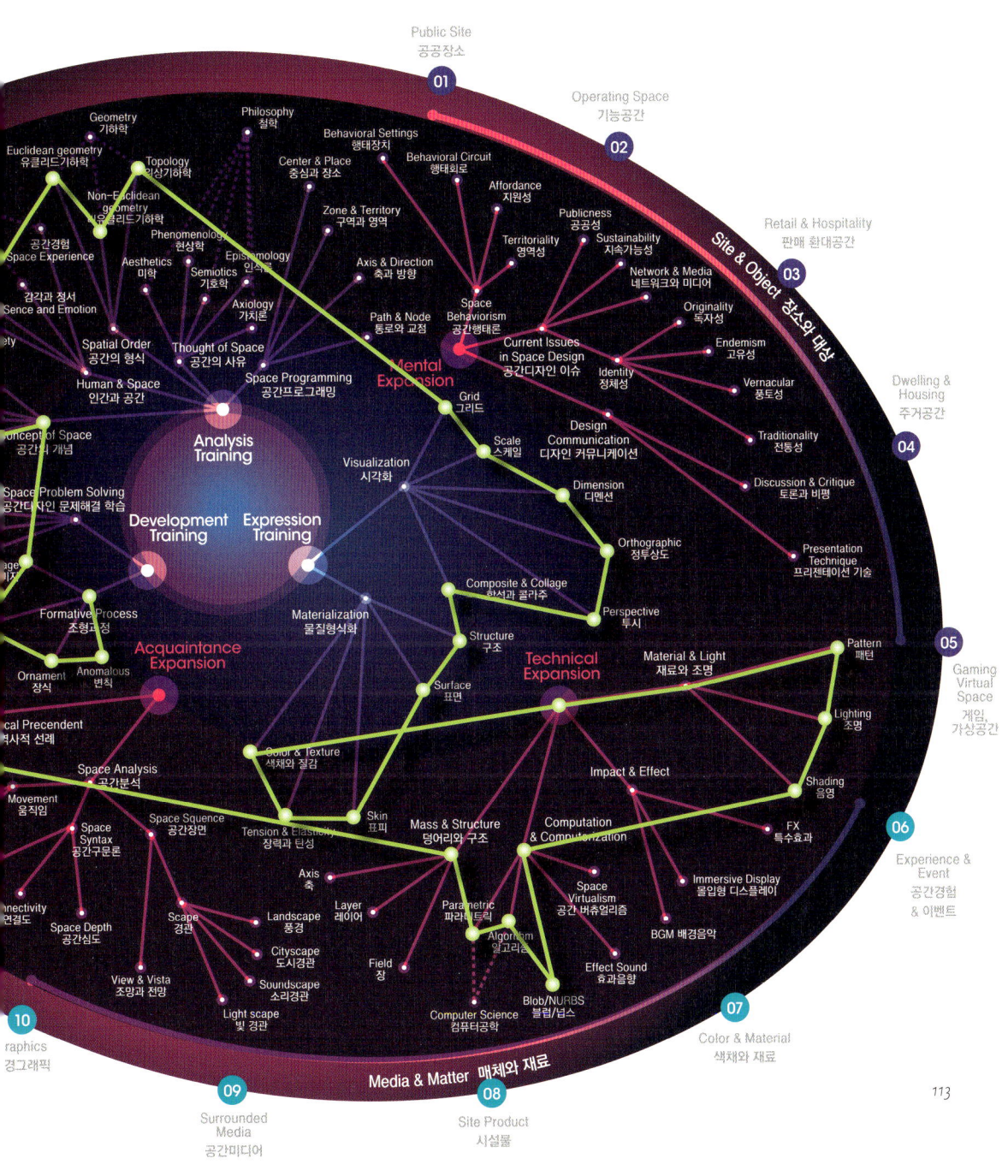

02 공간디자이너로 가는 길
The Way to Space Designer

- CASE 06 -
Space Media Designer

*Space Media Design*은 디지털 미디어와 공간디자인을 접목한 분야이다. *Space Media Designer*는 사람들의 참여를 유도할 수 있는 콘텐츠를 개발하고, 건축물, 공공시설물, 공공공간 등을 인터페이스화 하여 미디어적 장소를 구현하는 역할을 수행한다. 따라서 콘텐츠의 개발과 연출을 위한 기획능력이 요구되며, 매체의 구현과 데이터 활용에 필요한 기술과 지식을 습득하여야 한다. 또한 사용자의 미디어 체험은 공감각적 경험과 상호작용에 의하여 이루어지므로 효과적인 매체의 연출을 위해 공간경험과 사용자의 행태에 대한 이해도 필요하다.

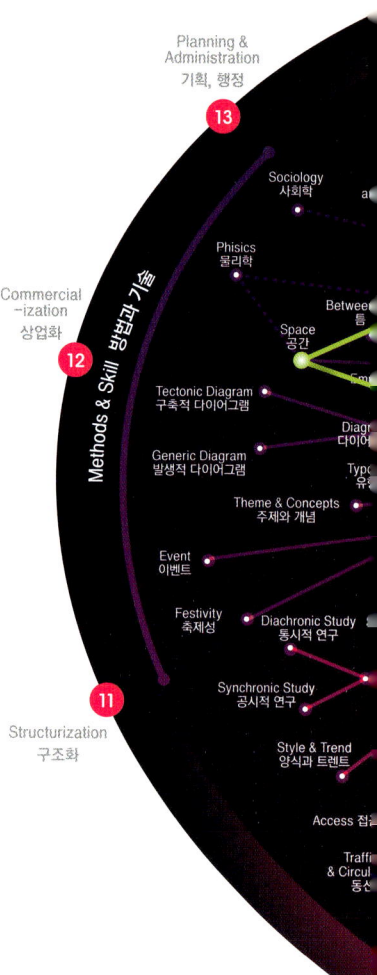

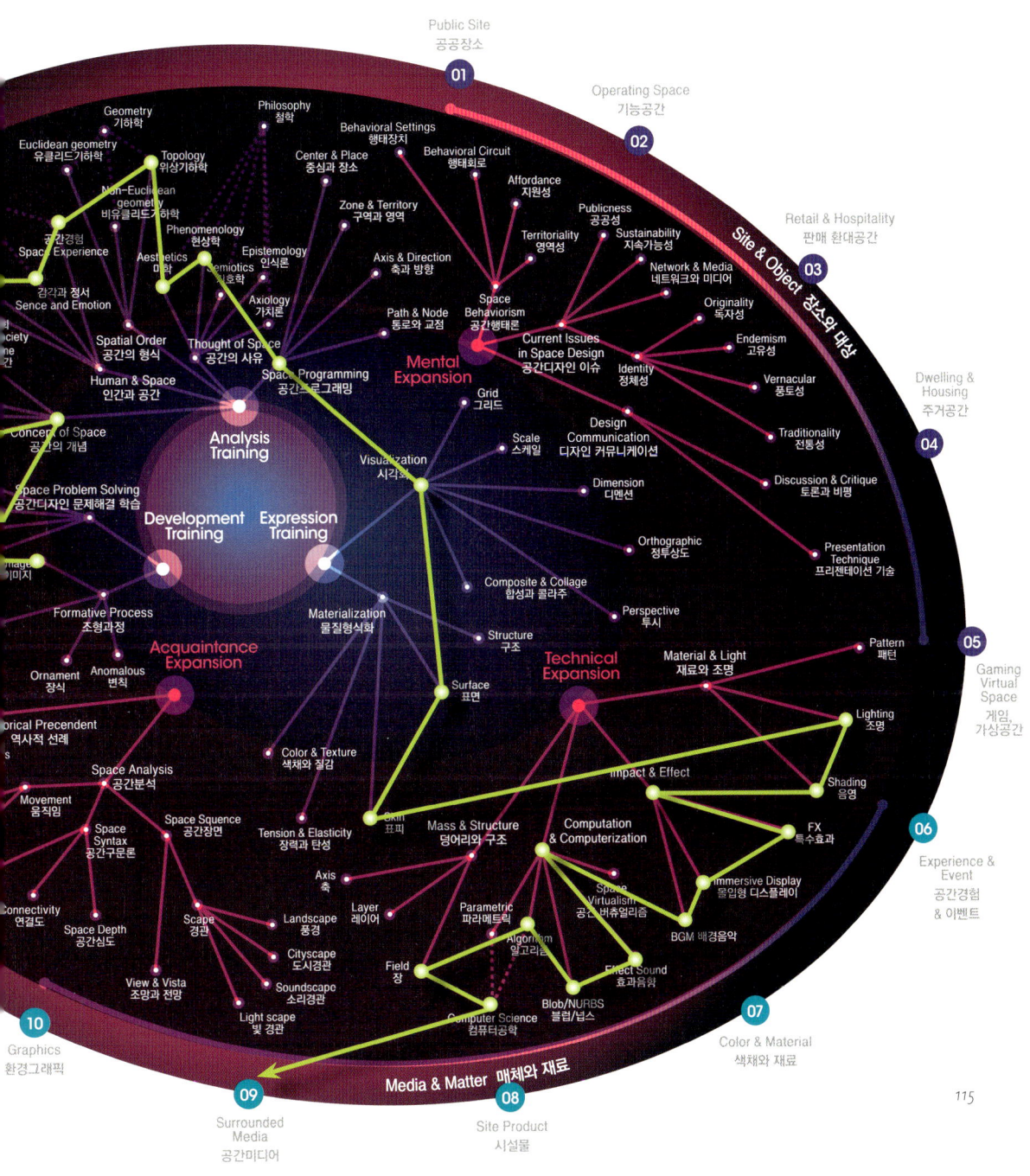

운장자리하 미발

04

공간디자이너 되기

04
공간 디자인의 미래

01
디지털과 공간디자인의 미래

FUTURE OF SPACE DESIGN 01

디지털과
공간디자인의 미래

101

컴퓨터 신호인 이진법으로 디지털 세계를 표현

우리 삶의 많은 부분들이 디지털 테크놀러지와 인포메이션 네트워크로 형성된 가상공간과 관계를 맺고 있다. 기존의 공간은 인터페이스화 되어 언제 어디서나 정보를 흡수하고 발산하는 유비쿼터스 환경을 갖추게 되었고, 사람들은 커뮤니케이션 망을 통해 사회를 구성하고, 공동체에 참여한다. 또한 디지털 미디어를 이용한 디자인은 기존의 불가능했던 구축 논리를 제공하여 효율적이고 유연한 형태의 시공을 가능하게 하고, 정보와 알고리즘을 통한 발생적 프로세스를 통해 형태를 창출하기도 한다. 이처럼 디지털 정보혁명은 공간을 새로운 개념으로 확장시키며 공간디자인 패러다임을 변화시키고 있다.

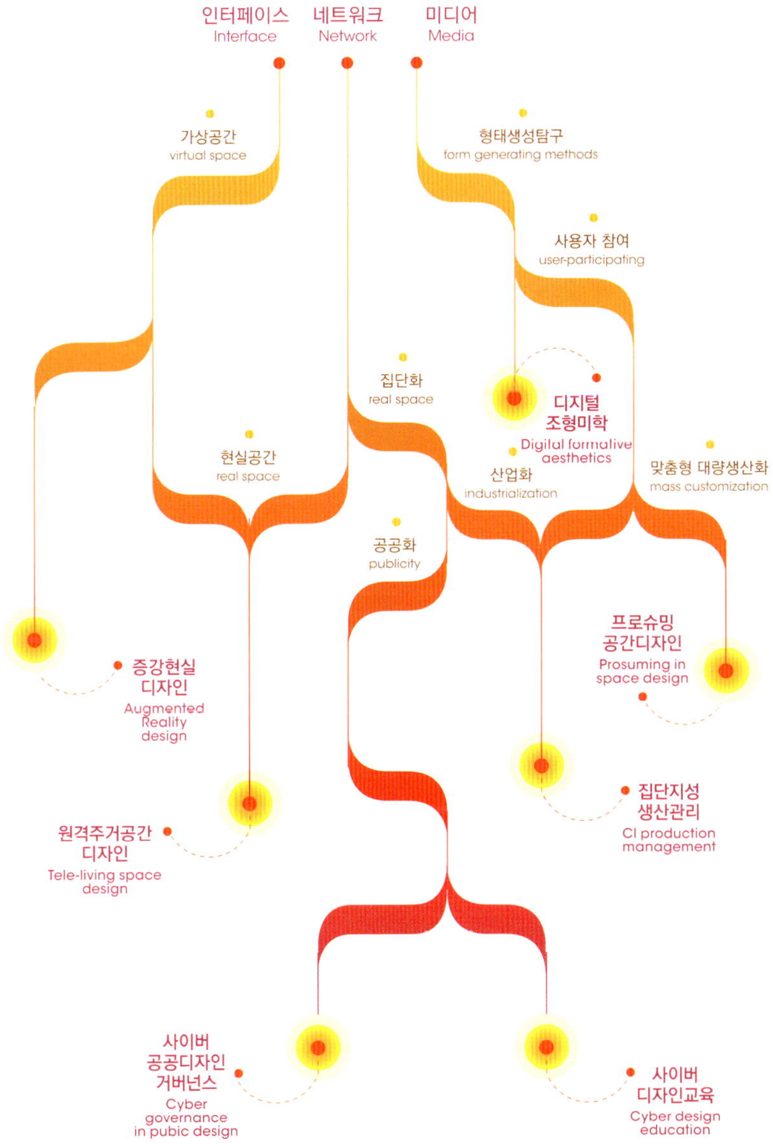

표 11 | 디지털기술에 의한 공간디자인의 미래변화

01
디지털과 공간디자인의 미래

- 01 -

디지털 조형미학
Digital Formative Aesthetics

20세기 후반 컴퓨터로 시작된 디지털 기술은 여러 가지 관점에서 공간디자인을 변화시켰다. 특히 비물질적 공간, 사이버스페이스라는 새로운 공간 개념을 출현시켰고, 중력의 지배를 받지 않는 디지털 세계에 존재하는 가상공간은 물질로 구성된 공간을 넘어 결점 *node*, 끈 *link* 그리고 비선형적 연결 *hypertext* 과 같이 정보와 그들 간의 체계를 통해 무한대로 중첩된 정보공간을 만들었다. 또한 프로그램의 내부 연산을 통한 자기생성적인 프로세스 *generative process* 를 통하여 기하학 중심의 공간형태와 구조에 새로운 가능성을 열었다.

디지털 기술은 기존의 단순한 형태적 모방이 아닌 근원적 원리의 시뮬레이션을 가능하게 함으로써 형태제작 *form making* 이 아닌 형태찾기 *form finding* 의 개념을 통하여 정보에 유연하게 반응하고 진화하는 디자인의 새로운 가능성을 부여해 준다.[18] 이를 통해 만들어지는 공간은 이전 공간과는 차별화되는 미학을 제공한다. 연산에 기초한 새로운 형태 생성 모델이 발전할수록 디지털 공간조형도 함께 진화해 나갈 것이다.

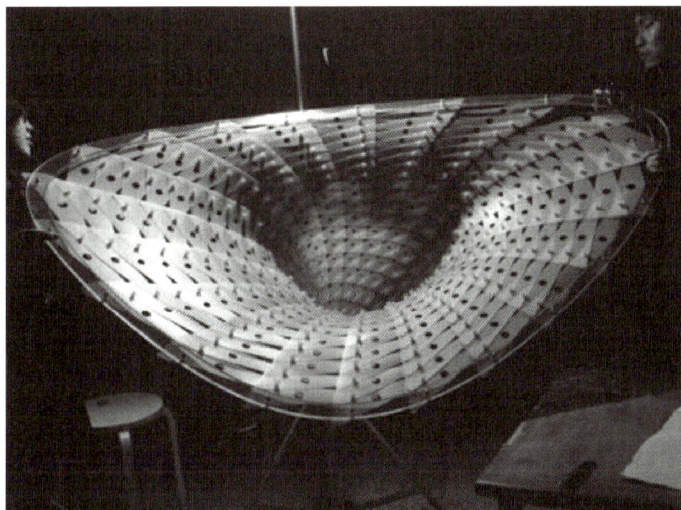

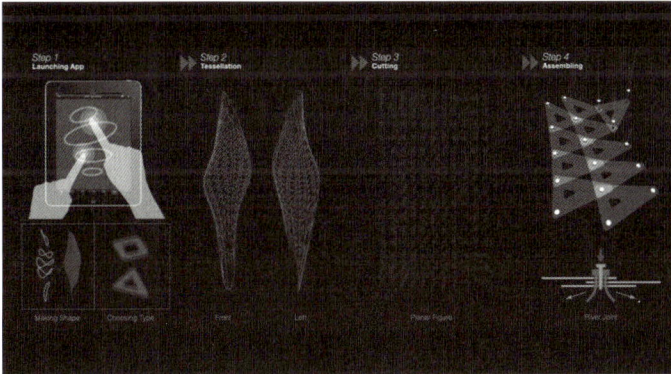

그림 100 | Chae Jungwoo, Data Plasticity, 2010

01
디지털과 공간디자인의 미래

- 02 -
증강현실 기반의 공간디자인
Augmented Reality Space Design

20세기 까지만 하더라도 미래공간에 대한 상상은 주로 우주여행, 시간여행과 같이 시공간을 뛰어넘는 공상적 공간모델이 주를 이루었다. 그러나 디지털 기술의 발달로 물리적으로 존재하지 않으면서도 실재 공간처럼 지각되는 가상현실 *virtual space* 이 실현되었고, 공간의 물리적 구축을 추구해왔던 공간디자인에 새로운 지평이 열리게 되었다. 여기에 사용자의 시간, 위치, 상황에 맞추어 정보를 제공하는 위치기반기술 GPS, *Global Positioning System* 이 접목되어 현실세계를 토대로 새로운 데이터를 혼합하여 보여주는 증강현실 *augmented reality* 개념이 생겨났다. 그리고 실재공간의 질과 개념을 가상공간과 중첩시켜주는 증강현실은 공간디자인에 있어 물리적 변형 없이도 현실을 더욱 새롭게 경험케 하는 가능성을 열어 주었다.

증강현실 기반의 공간디자인에서 디자이너의 역할은 물리적 공간의 구축이 아닌 정보와 디지털 미디어의 흐름과 인간의 감각적 경험 간의 상호작용의 방식을 결정하는 것이 될 것이다. 즉 우리가 접하는 현실 속에서 시시각각 변화하는 경험의 제공자로서 그 역할이 변모해나갈 것이다.

그림 101 | J. Mayer H. Architecture, A.WAY, 2010

01
디지털과
공간디자인의 미래

- 03 -
집단지성 생산관리
Collective Intelligence Production Management

디지털 기술의 진보로 언제 어디서나 간편한 방식으로 접근 가능한 인터페이스 환경이 제공됨에 따라 앞으로는 더욱 많은 사람들이 다양한 목적으로 인터넷을 이용하게 될 것이다. 따라서 정보접근의 차원을 넘어 가상의 공간 속에서 서로 협력하거나 경쟁을 통하여 얻게 된 지적 능력의 결과를 경제, 사회문제 해결에 활용하는 집단지능 *collective intelligence* 환경이 보편화 될 것으로 보인다.

아울러 디자인의 생산방식도 획기적으로 변하게 될 것이다. 소수의 전문가만이 참여 하는 것이 아닌 집단지성 시스템을 통하여 사용자들의 참여도 가능한데, 예를 들어 참여자들이 자신의 라이프스타일에 대한 정보를 입력함으로써 설계과정에 참여할 수 있다. 이를 통해 생활환경과 도시는 점차 개개의 시민들의 라이프스타일에 맞게 분화된 모습으로 변하게 될 것이다.

그림 102 | Ha Taesuk, Uncategorized Differential Life Integral City, 2010

02
**문화와
공간디자인의 미래**

FUTURE OF SPACE DESIGN 02

문화와
공간디자인의 미래

시간이 흘러 적층되고 순환하는 문화의 속성을 표현

    21세기는 문화의 시대로 향후에는 자본주의의 물신화 경향에 대한 반성과 지난 세기의 물질 이데올로기에 대한 지향이 높아지면서, 인간의 존재가치, 과거로부터 내려온 인류역사 등을 다시 되돌아보는 시대가 될 것이다. 문화를 컨텐츠로 활용하는 문화산업이 새로운 산업분야로 부상하고 있으며, 미래의 공간디자인은 새로운 구축물의 창조에 어떠한 문화적 맥락을 담을지를 중시하게 될 것이다. 또한 디지털 기술의 발전으로 인한 가상현실의 일상화는 내 몸이 어디에 있는지와 생체적 인종 구분을 모호하게 하여 영적, 정신적 아이덴티티를 중시하는 경향으로 나타나게 될 것으로 보인다. 이에 공간디자이너는 기술이 가져다 줄 인간소외, 가치관의 혼란 등 위기 극복에도 기여할 것을 요구받게 될 것이다.

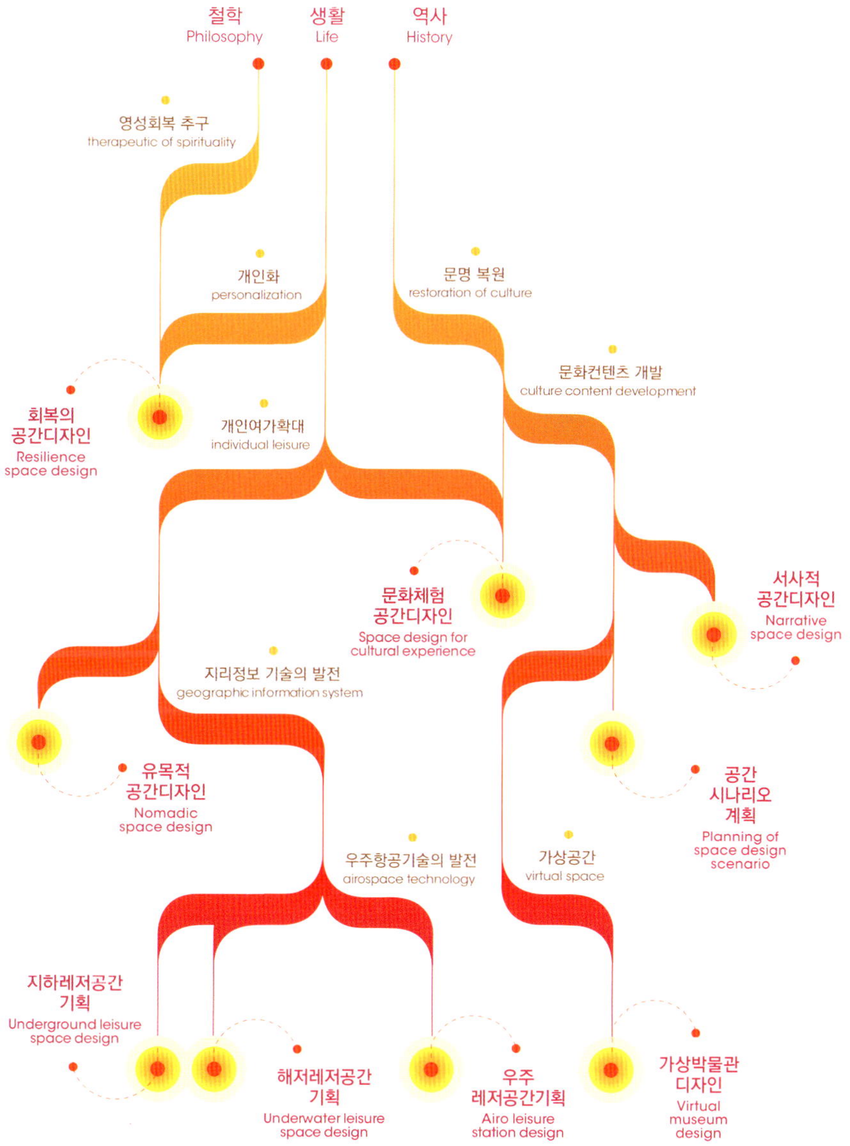

표 12 | 문화현상에 의한 공간디자인의 미래변화

127

02
문화와
공간디자인의 미래

- 01 -
문화체험 공간디자인
Space Design for Cultural Experience

지난 세기 디자인의 주된 역할은 자본주의적 가치를 중심으로 하여 새로운 기술과 재화를 소비, 확산시키는 일이었다. 그 결과 인류는 전례없는 물질적 풍요를 누릴 수 있게 되었지만, 그 이면에는 문화적 다양성의 말살, 전통과의 단절이 야기되었고 물신주의에 따른 정서적, 정신적 빈곤은 새로운 사회문제로 떠올랐다. 이에 20세기 전후, 지역의 시공간적 맥락 *context* 과의 어우러짐을 통해 문화를 지속가능하게 하자는 맥락주의 *contextualism* 와 문화유산의 보존 *conservation* 에 대한 주장이 제기되었다. 이는 더욱 확장되어 지역문화가 인간의 삶 속에서 함께 호흡하며, 보전 *preservation* 되도록 해야 한다는 개념으로 발전하였다.

따라서 현재시점의 문화로서 전통을 체험하고 즐기는 동시에 그것이 전승되도록 하는 문화체험 공간디자인이 지역문화를 보존하는 새로운 대안이 될 것으로 보인다. 즉 박제된 유물을 담는 것이 아니라 현장성과 일상성을 바탕으로 생명력 있는 지역문화를 계승하고, 지역 고유의 재료와 전통적 기술을 전승하는 디자인이 미래 공간디자인의 새로운 축을 담당하게 될 것이다.

그림 103 | Kim Kaichun, Jungto Sa_Temple of Paradise, 1999

02
문화와
공간디자인의 미래

- 02 -

회복의 공간디자인
Resilience Space Design

20세기 이후 인류는 하나로 연결된 사이버 공간에서 첨단기술의 혜택을 누리면서 살고 있다. 그러나 정신적 빈곤, 소외현상은 더욱 가속화되고 있다. 이와 더불어 미디어를 통하지 않고 어디서나 바로 접속가능한 인터페이스의 혁신, 현실과 구분되지 않는 가상현실 *virtual reality* 과 증강현실 *augmented reality* 의 실현에 따라 24시간 사이버 세계에 침식 당하는 중독현상에 대한 우려도 커지고 있다.

이에 일각에서는 가상현실을 거부하는 것은 아니지만 온라인 세계에서 벗어나 잠시 휴식을 취하며 정신적 회복과 치유를 추구하는 언플러그 앤 릴렉스 운동 *unplug and relax movement* 이 확산될 것이라고 한다.[19] 그리고 현실세계에서 이들의 정서적, 영적 치유와 회복을 매개하는 회복공간 *resilience space* 에 대한 요구도 증가하게 될 것이다.

그림 104 | Peter Zumthor, Bruder Klaus kapelle, 2007

02 문화와 공간디자인의 미래

- 03 -
유목적 공간디자인
Nomadic Space Design

문명이 생겨난 이래 대부분의 사람들은 과다한 업무량과 빠르게 돌아가는 일상에서 받는 스트레스로 고통받아 왔다. 농경시대와 산업시대에 레저는 일하다 남는 시간을 때우기 위한 간단한 놀이 정도에 불과하였으나 20세기 이후 레저는 일상으로부터 탈출하기 위한 수단으로 인식되었고, 세계화와 관광산업의 발달로 여행이 보편적인 레저의 방식으로 자리잡게 되었다. 아울러 21세기에는 알려지지 않은 새로운 세계를 몸소 체험하기 위한 모험 관광이 새로운 레저문화로 떠오를 것으로 보인다.[20]

이에 과학기술에 힘입어 통신, 에너지 시스템을 완비하고, 경량소재로 이루어진 유목적 공간 *nomadic space* 의 개발도 활성화되고, 개인단위의 모험여행과 아웃도어 문화는 더욱 보편화 될 것이다. 특히 사이버 세상의 보편화로 모든 생활의 문제를 스스로 해결하고 고립화를 추구해온 세대들은 이러한 1인 모험관광을 즐기는 신유목민 계층의 주를 이루게 될 것이다.

그림 105 | Kyu Che, Lifepod, 2008

03 바이오 기술과 공간디자인의 미래

FUTURE OF SPACE DESIGN 03

바이오 기술과 공간디자인의 미래

식물의 잎맥, 동물의 늑골의 모습을 형상화 하여 생명의 근원을 표현

인류가 지난 세기 동안 과학기술의 힘에 의해 자연을 정복해 온 결과 생태계의 오염, 자원의 고갈, 식량문제 등의 문제를 안고 21세기의 문턱을 넘게 되었다. 이에 대한 반성으로 일어난 신과학운동은 인간과 자연을 이원론적 관점에서 보지 않고 유기적인 전체로 보는 새로운 세계관을 형성하였고, 이는 모든 학문영역에 영향을 주는 시대의 패러다임이 되었다. 한편 바이오 기술 분야에서는 생명체의 신체적 문제들을 해결하는데 주안점을 두었던 생체공학을 넘어 생명의 비밀을 풀어 생명시스템을 창조하는 생명과학 *life science*이 대두되었다. 생명과학의 가치는 육체의 문제를 초월하여 인류복지, 인류문명 생존의 문제를 해결하는 것이다. 이러한 흐름에 따라 앞으로의 공간디자이너는 그 대상물이 유형적인 것이든 무형적인 것이든 생태적으로 건강하고 유기적인 전체에 통합되는 환경의 구축을 궁극의 목표로 삼게 될 것이다.

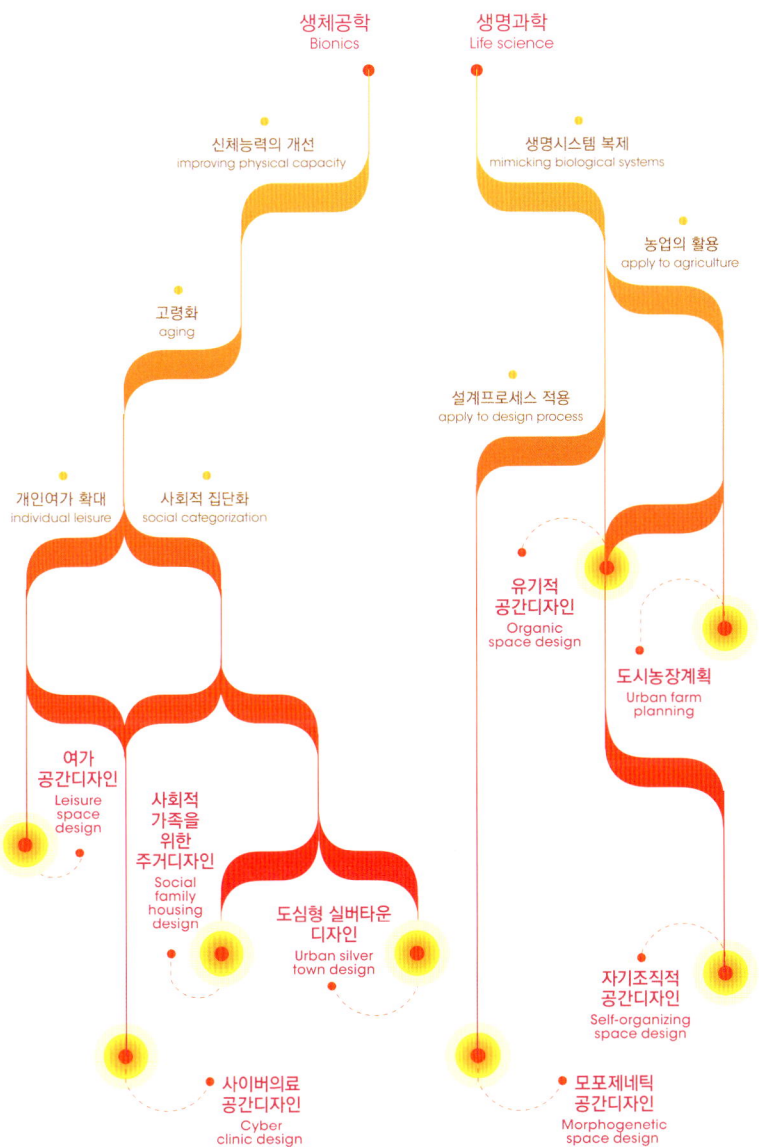

표 13 | 바이오 기술에 의한 공간디자인의 미래변화

03
바이오 기술과
공간디자인의 미래

- 01 -
도시농장 · 수직농장
Urban Farming · Vertical Farming

도시가 인구와 자본, 서비스를 흡수하며 지속적으로 거대화된 반면 식량공급에 있어서는 농촌에서 발생되는 잉여생산 혹은 농업국가와의 교역에 의존해 왔다. 그러나 기계생산 방식의 대량경작과 유통과정에서의 탄소의 배출 등 심각한 부작용이 초래되었고, 농촌의 급속한 도시화에 따른 공급량 감소와 식량자원을 이용한 대체에너지 수요증가 등에 의한 비용상승으로 인하여 도시민의 식량을 도농 간 혹은 국가 간 교역에만 의존할 수 없게 될 것이란 전망도 나오고 있다.

이에 21세기 초 도시 공간 속에서 나와 가족, 그리고 환경을 위해 채소를 직접 심고 가꾸면서 건강한 식탁을 만들고 탄소배출을 줄이자는 소규모의 친환경 실천운동인 도심 농장 가꾸기 운동 urban farming 이 일어났다. 그리고 향후에는 스스로 식량자원을 수급하면서 동시에 환경을 조절할 수 있는 도심형 농장이 확산될 것으로 보인다. 현재의 거대도시들은 서비스의 집적과 식량 자급자족, 기후조절능력에 맞추어 최적화된 단위로 분화되게 되며, 도심과 경작지가 혼재된 다핵구조로 발전하게 될 것이다.

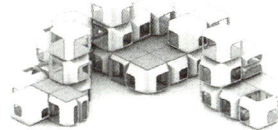
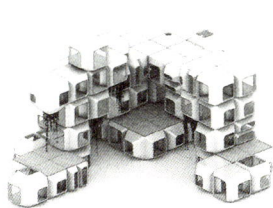
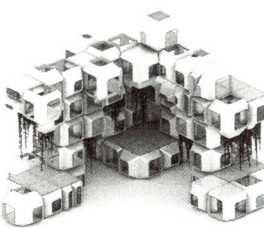

그림 106 | Howeler + Yoon Architecture and Squared Design Lab, Eco-Pod, 2010

03
바이오 기술과
공간디자인의 미래

- 02 -
형태발생적 공간디자인
Morphogenetic Space Design

20세기후반 공간조형에 있어 컴퓨터 모델을 수단으로 한 많은 실험들은 21세기 나노기술의 발전과 더불어 가상형태의 창출을 넘어 실존하는 환경으로 존재할 수 있게 될 것으로 보인다. 초기 생태모방디자인 *biomimicry design* 은 자연의 형태 등에서 영감을 얻은 심미적 모방에서 출발하였으나 근본적인 형태창출과정 *form-generating process* 자체에 관심을 갖고 자연의 세계에서 일어나는 형태발생을 연구한 디자이너들의 시도로 21세기에는 자연의 생태 기본구조와 원리 및 메커니즘을 모방하고자 하는 단계에 까지 이르렀다.

모포제네틱 디자인은 자연계가 지닌 복잡성 내에서 창발 *emergence* 과 자기조직화 *self-organization* 를 통해 새로운 형태가치를 창출하는 디자인 방법론이다.[21] 이를 통해 미래 공간디자이너들은 가상현실 속에서 제2의 생태계를 조성하고 개체 스스로가 진화하는 과정을 통하여 생물의 개체적 특성을 띤 형태를 도출한다. 아울러 나노 소재와 생명과학적 재현기술이 현실화될 경우 자기조직적 능력을 지닌 공간의 생성과 보급도 가능해질 것으로 보인다.

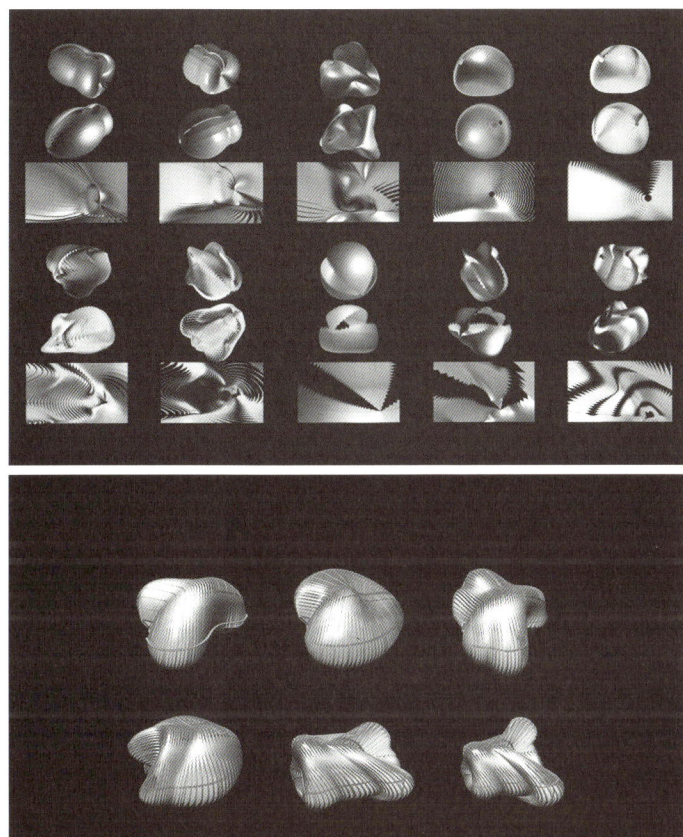

그림 107 | Greg Lynn, Embryologic Housing, 1998

03
바이오 기술과
공간디자인의 미래

- 03 -
유기적 공간디자인
Organic Space Design

지금까지의 디자인은 자원을 고갈시키고 환경부하를 야기하며 자연과 대립구도를 형성해왔지만, 앞으로의 디자인은 자연과 더불어 하나의 유기적인 체계 내에서 생태계와의 이상적인 조화를 추구해 나가야 한다. 즉 디자인의 과정과 결과가 환경과 서로 유익한 관계를 이루는 공생관계, 즉 심바이오시스 *symbiosis* 를 이루어야 한다. 따라서 미래의 공간디자인은 자원의 소모와 환경오염을 최소화하는 단계를 넘어 디자인이 생명체와 같이 호흡과 대사작용을 하면서 에너지를 합성하고, 성장-소멸하는 유기적 디자인으로 발전해 나갈 것이다.

이전의 공간디자인이 디자이너의 결정에 의해 제조 *manufacturing* 되는 것이었다면, 유기디자인은 바이오 기술을 통하여 식물이 자라듯 경작 *cultivating* 되어 완성되는 디자인을 의미한다.[22] 양분을 소화시키고, 호흡하면서 스스로 개체를 형성하며, 사용 후에는 자연분해되어 어떠한 폐기물도 남기지 않고, 토양과 같이 생명을 배양하는 생태환경으로 돌아갈 수 있다.

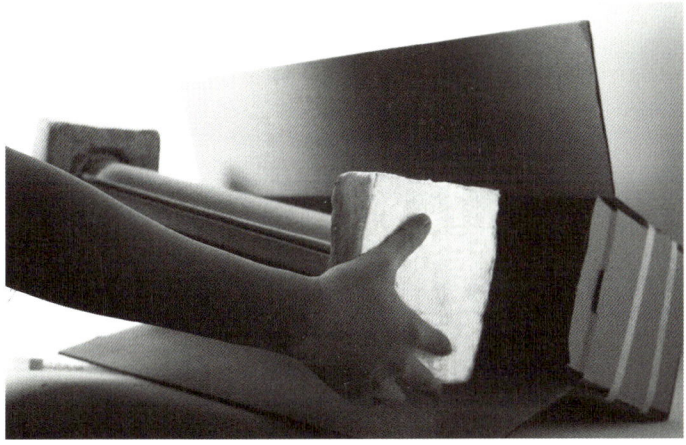

그림 108 | Ecovative design, Eco cradle, 2010

04 나노기술과 공간디자인의 미래

FUTURE OF SPACE DESIGN 04

나노기술과 공간디자인의 미래

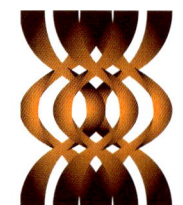

작고 미세한 입자가 얽혀 구조를 이룬 모습을 형상화

나노기술은 물질을 원자·분자 크기의 수준에서 조작·분석하고 이를 제어할 수 있는 과학과 기술을 총칭하는 것으로, 디지털 기술, 바이오기술과 더불어 21세기의 신산업 혁명을 주도할 핵심기술로 인정받고 있는 분야이다. 나노기술을 통하여 개발된 소재들은 기존 디자인 영역에 활용되었던 소재들을 고성능화 하여 물리적, 구조적 제약으로 불가능했던 공간디자인을 현실화 하고 공간디자인의 새로운 지평을 열 것이다. 나아가 환경오염 없는 클린소재를 비롯하여 온도, 습도, 환경조절이 가능한 소재의 개발은 오염물질의 배출이 없고 에너지 소비 없이도 생존가능 한 공간을 창출하여 환경오염과 자원고갈 등 인류생존의 문제에도 기여할 것이다. 디지털, 문화, 바이오 분야를 비롯하여 지리, 우주항공 등 여러 분야에 활용될 나노기술은 인류미래의 청사진을 현실화하고, 미래환경을 구성하는 데 있어 중추의 역할을 할 것으로 예견되고 있다.

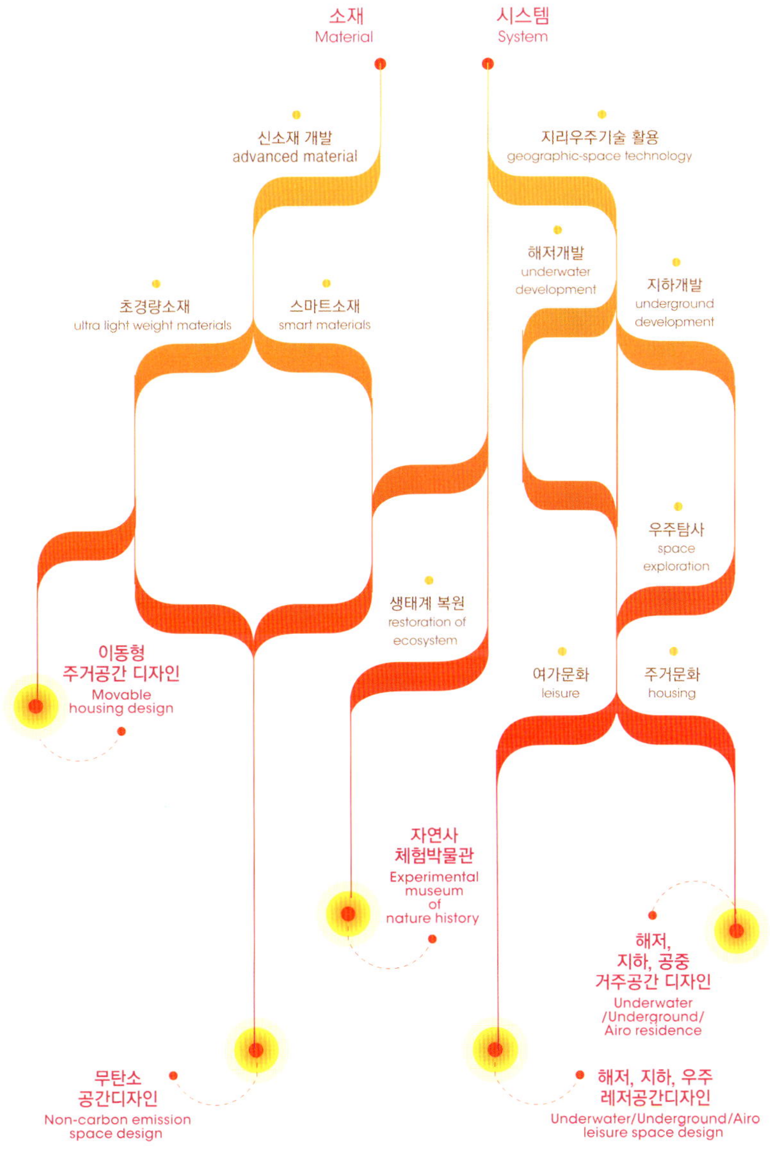

표 14 | 나노기술에 의한 공간디자인의 미래변화

04 나노기술과 공간디자인의 미래

- 01 -
무탄소배출 공간계획
Non-carbon Emission Space Design

20세기의 생산활동은 화석 연료를 주에너지로 하여 이루어졌지만, 이를 통하여 배출되는 오염물질은 인간의 생존과 세계의 지속성을 위협하고 있다. 그리고 21세기 초에는 화석연료를 대체하는 식물성 연료의 사용량 증가로 오히려 빈곤국가의 식량난이 가속화되어 예상치 못한 전지구적 불평등 문제를 야기하고 있다. 그러나 원자 하나하나를 조종하여 물질을 제어하는 나노기술의 혁신으로 어떤 형태이든 기존의 자원을 소모하지 않고 에너지를 합성할 수 있는 길이 열리게 되었다.

나노 생산방식은 자연 즉 태양, 공기, 물에서 나오는 열, 진동, 분자구조를 이용하여 청정한 에너지와 소재를 만들 수 있기 때문에 어떠한 유해물질도 배출하지 않는다. 그리고 완성된 소재를 자연분해하여 자연의 상태로 되돌릴 수도 있다.[23] 이를 적용한 공간은 스스로 온도와 습도를 조절하며 빛, 바람 등과 같은 미기후 *microclimate* 로부터 스스로 에너지를 합성할 수 있어 탄소배출이 전혀 없는 무탄소배출 환경 조성도 가능해 질 것으로 예측된다.

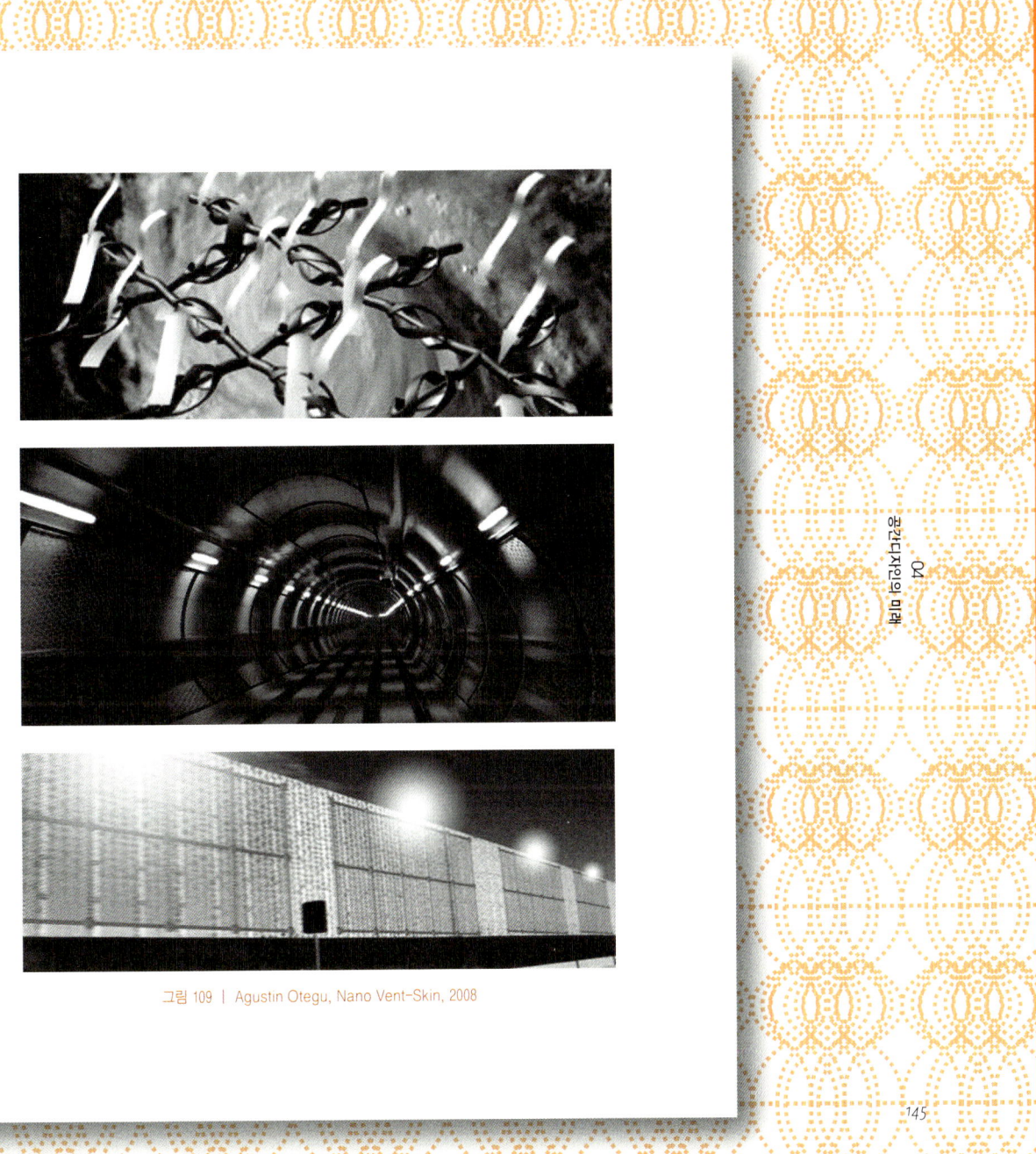

그림 109 | Agustin Otegu, Nano Vent-Skin, 2008

04
나노기술과
공간디자인의 미래

- 02 -
해저공간디자인
Underwater Space Design

인구의 증가와 도시화의 압력으로 지표 land surface 의 영역이 끊임없이 잠식됨에 따라 생태계의 파괴가 인류생존을 위협하는 수준에 이르게 되었다. 이에 인류를 수용할 영역의 대안으로 지하, 해저, 대기영역에 대한 탐구가 활발히 이루어지고 있으며, 향후 40~50년 후에는 적지 않은 수의 인류가 해저도시로 이주할 것이라고 한다.[24] 지하, 해저, 공중도시에 대한 유토피아적 이미지는 수세기 전부터 예술가와 디자이너의 영감을 불러일으켜왔으나 이는 대지의 영역을 넘어 또 다른 세계에 대한 정복의 욕망이 표상화 된 것이었다.

반면 앞으로의 유토피아는 바이오기술과 나노기술을 통하여 식량과 에너지를 자급자족하고 독립된 생태계로 존재하며 주변환경과 호흡하는 환경으로 발전해 갈 것이다. 특히 나노기술을 통해 태양광, 대기와 해수의 흐름 등 자연현상을 이용하여 에너지를 스스로 합성하고, 스스로 기후를 조절하며, CO_2와 폐기물의 원자단위를 재조합하여 자원으로 재활용하는 등의 아이디어가 현실화 될 수 있다. 이를 통해 인간과 자연이 공존하는 해저도시, 공중도시, 지하도시의 건설이 머지않아 실현될 것으로 보인다.

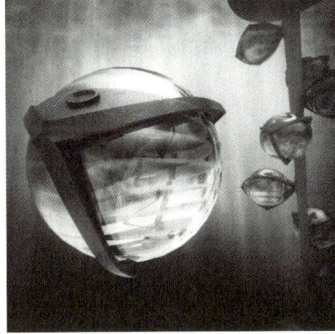

그림 110 | Arup, Syph, The Oceanic City, 2010

에필로그

| 권영걸 |

별들은 무한공간을 배경으로 운행되고 있지만, 밤하늘의 성좌 안드로메다, 카시오페이아는 분명한 공간적 위상을 갖고 있다. 공간학이라는 지식의 바다에서 여러분은 이제 겨우 나침반을 갖게 되었다. 사상, 이념, 지식, 기술, 그리고 직업윤리와 사회적 책무를 위한 기초를 닦은 것이다. 항해의 방향과 항법의 개발은 여러분의 몫이다. 신대륙을 향한 용기와 도전도 여러분의 몫이다. 공간디자인을 넘어 시공간디자인에 도전하라!

| 김주미 |

미래 공간디자인의 대상은 물리적 실체라기보다 그들의 관계이고 시스템이다. 공간디자이너는 학문적 경계와 영역의 개별성, 독자성을 넘어 미래가치와 가능성들을 구현할 수 있다. 오늘날 공간디자인의 변화를 자연과학적 패러다임 안에서 이해하고, 공간디자이너를 특정 직업, 영역이 아니라 새로운 사회변화와 요구에 대응하는 다양한 역할과 기능 속에서 정의하고자 했다. 이 책으로 도전적이고 창의적인 공간디자이너의 역할들이 갈래쳐지길 기대한다.

| 장기윤 |

이 책은 단편적 지식을 제공하는 수준을 넘어 다차원적인 사고를 가능케 한다. 새롭고 깊은 영감은 여러 번의 숙독을 통해 자연스럽게 생성되리라 여긴다. 세상에 이미 존재하는 극히 미세한 신호이지만 아주 중요한 메시지를 읽어 내는 능력이 배가되길 바라며 학생들이 보다 가치 있는 미래의 역할과 아울러 디자인의 새로운 영역을 개척함에 도움이 되길 기대해 본다.

| 채정우 |

공간디자인은 다양하고 넓은 범위의 직무이다. 이 책은 공간디자이너가 되기 위한 디자인학도에게, 혹은 이들을 교육하는 교육자에게 반려자가 되기 위하여 기획되어졌다. 독서를 통하여 순간적으로 지식을 전달하는 책이 아니라 넓은 바다를 항해하는 데에 필요한 지도처럼 항상 곁에 두고 중요한 순간에 도움을 주는 책이 될 것이다.

| 이지영 |

이 책에는 공간디자인의 영역에 대한 자리매김을 두고 오랫동안 고뇌해온 저자들의 교감이 담겨있다. 우리는 책이 담고 있는 담화와 비판적 모색을 통하여 공간디자인에 대한 오해와 진실이 드러나길 희망한다. 공간디자인에 첫발을 떼는 학생들이 책을 독파할 때 즈음, 저마다 자신의 미래에 대한 새로운 지도를 그리며, 새로운 지적 호기심과 희망적 모색으로 충만해져 있을 것이다.

각주

1) Thomas S. Kuhn, The Structure of Scientific Revolutions, 3rd. ed., Chicago & London: The University of Chicago Press, (1962), 1996 p. x ,175

2) Ilya Prigogine, The End of Certainty, New York,: The Free Press, 1996, p. 4.

3) 윤난지 편저, 모더니즘 이후, 미술의 화두, 눈빛, 1999, p.254.

4) S. Lash & J. Urry, Postmodernist Sensibility in Polity ed., The polity Reader in Cultural Theory, Cambridge: Plity Press, 1994, pp. 134-137.

5) 서울 사회과학 연구소 편, 탈주의 공간을 위하여: 들뢰즈와 가타리의 정치적 사유, 푸른 숲, 1997, pp. 276-284.
중추적인 역할을 하는 통일성은 존재하지 않으며, 비중심화되고 비위계적인 복수성의 지식형태이다. 영역간의 위계설정은 불가능한 것이 되며 횡단적 지식을 의미한다.

6) R. Bogue, 들뢰즈와 가타리, 이정우 역, 새길, 1995, p.175.
들뢰즈와 가타리가 〈리좀: 서론〉(1976)에서 밝힌바 있듯이, 리좀이란 포르피리오스의 나무로부터 린네의 계통학을 거쳐 촘스키의 문장도식에까지 이어져 내려온, 서구 사유의 일각을 줄곧 지배해온 나무계통구조에 대한 대립항으로 제시된 것이다. 계통나무구조는 그 요소들로 하여금 제한적이고 규칙적으로 연장하도록 만드는 위계적인 성층화된 총체성들이다. 그러나 리좀은 뇌 속의 신경세포, 뉴턴조직과 같이 복잡한 구조와 같이 다수의 혹을 이어서 복잡하게 얽힌 식물뿌리와 같은 구조이다.

7) 서울사회과학연구소 편, 탈주의 공간을 위하여, 도서출판 푸른숲, 1997, pp. 277-278 참조.

8) Ibid., pp. 282-284 참조.

9) Peter Noever, Architecture in Transition: Between Deconstruction and New Modernism, Munich : Prestel-Verlag, 1991, p.78 참조.

10) Ibid., p.128 참조.

11) 권영걸 편저, 공간디자인의 언어, 도서출판 날마다, p.18.

12) Bernard Tschumi, Architecture and Disjunction, Cambridge, London: The MIT Press, 1994, p.30.

13) NecdetTeymur, Environmental Discourse, London : Blackevell Press, 1982, p.39, 84.

14) Ibid, pp.36~37.

15) Ibid, p.63, 154.

16) Lynden Herbert, A New Language for Environmental Design, New York: New York University Press, 1972, p.137.160.; 김길홍, 삶의 질을 증진시키는 실내건축 및 디자인: 삶의 질과 환경디자인, 환경디자인학술대회 자료집, 1998, pp.227-236.; 권영걸, 공간디자인의 언어, 도서출판 날마다, pp.18-27 참조.

17) Richard E.Nisbett, 최인철 역, 생각의 지도, 김영사, 2003, p.135

18) Michael Hansel, Achim Menges, Morpho-Ecologies : Towards Heterogeneous Space in Architecture Design, AA publication, 2007 참조.

19) 심지은, 박정훈 외, 세계적 미래학자 10인이 말하는 미래혁명, 알송북, 2010, p.61.

20) Ibid., p.266.

21) Michael Hensel, Achim Menges, and Michael Weinstock, Op.cit., 참조

22) 권영걸, 유기디자인_궁극의 선택 : Yugi design_the Ultimate Choice, 한국공예디자인진흥원 특강, 2010년 6월 30일

23) 심지은, 박정훈 외, Op.cit., p.31.

24) Alanna Howe, Alexander Hespe, Now+When Australian Urbanism, the 12th International Architecture Biennale 2010, Venice, Italy, 2010

IMAGE INDEX

01.
공간
디자인
?

pp. 8 - 49

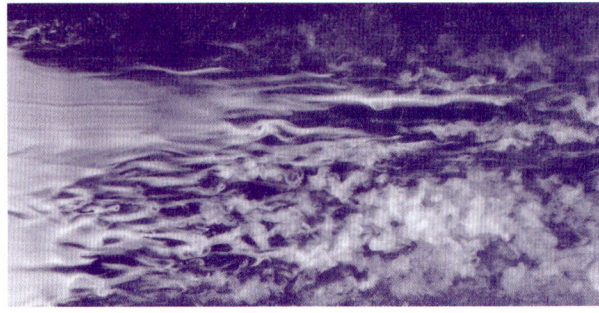

그림 1 배경그림

난류(turbulence), 끊임없이 반복되는 카오스 패턴(chaos patterns)
John Briggs, Fractals: The Patterns of Chaos. London
Thames and Hudson, 1992. p.135

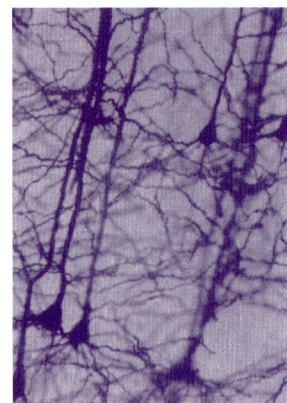

그림 2

뇌 안에 있는 세포의 프랙탈 구조
(fractal structure)
Ibid. p.125

그림 3

거미줄(spider's web)
Pat Murphy & William Neill, By
Nature's Design, San Francisco
Chronicle Books, 1993. p.30

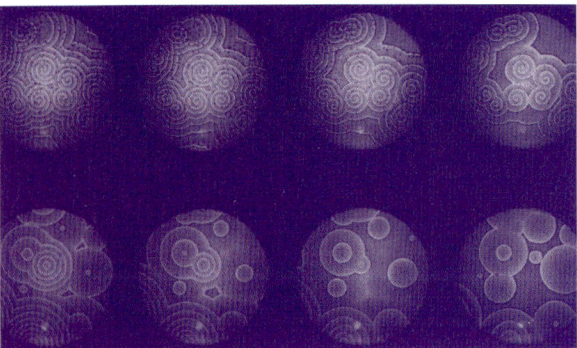

그림 4

벨루소프 자보딘스키 반응(Belousov-Zhabotinskii Reaction),
자기조직화를 통해 안정된 패턴을
형성해 가는 화학반응과정
Briggs, op. cit. p.108

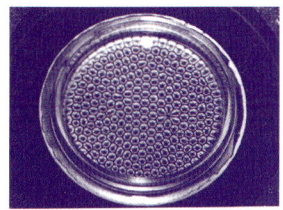

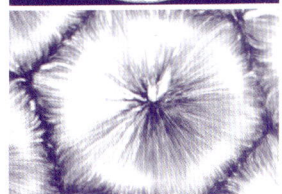

그림 5
베나르 셀(Bénard cell), 열을 가하면 자기조직화(self-organization)를 통해 질서있는 육각 패턴을 보여주는 무산구조의 예
Ibid. p.96

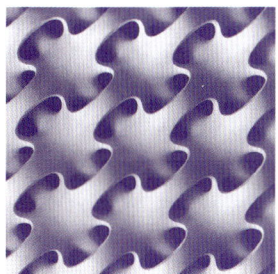

그림 6 배경그림
Erwin Hauer, Light-diffusing wall, 1950
Erwin Hauer, Continua, New York: Princeton Architectural Press, 2004, p.14

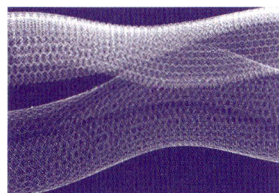

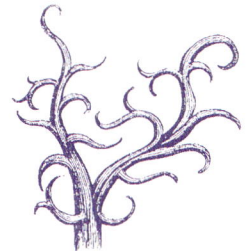

그림 7
나뭇가지형태의 수목(tree)구조와 복잡하게 얽힌 리좀(Rhizome)구조
Peter Droege, Intelligent Environments, Amsterdam: Elsevier, 1997, p.458

그림 8
Ohaiu Forest, Kauai, Hawaii
Heinz-Otto Peitgen & Dietmar Saupe eds., The Science of Fractal Images, New York: Springer-Verlag, 1988, p.268

그림 11 배경그림
Gustav Hassenpflug, 종이조형, 1928
Magdalena Droste, Bauhaus, Berlin: Benedikt Taschen, 1990, p.143

그림 10
Parametric Design Systems
Neil Leach ed., AD, Digital Cities, London: Wiley, 7/8 2009, p.33

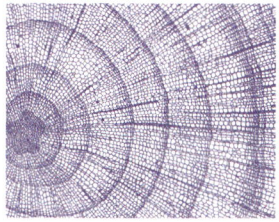

그림 9
삼나무 뿌리의 단면
Gyorgy Kepes, The New Landscape in Art and Science, Chicago: Paul Theobald and Co., 1956, p.137

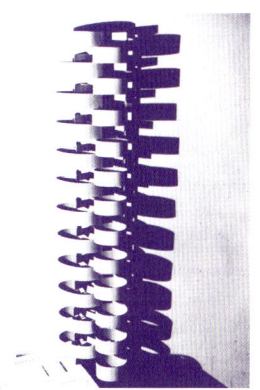

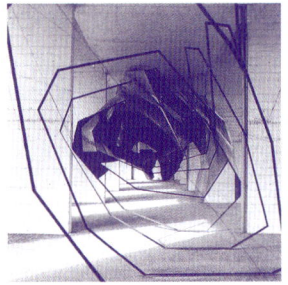

그림 12

Jeffrey Kipnis in Collaboration with Philip Johnson, Briey Intervention

Giuseppa Di Cristina, Architecture and Science, New York: Wiley-Academy, 2001, p.8

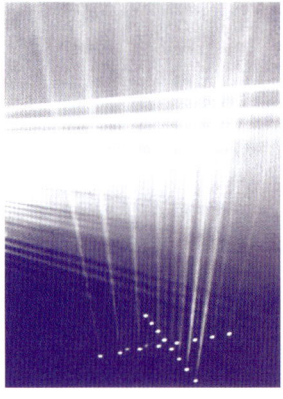

그림 13

Gyorgy Kepes, Simulated light architecture for Boston Harbor, 1966

Gyorgy Kepes ed., Arts of The Environment, New York: George Braziller, 1972, p.180

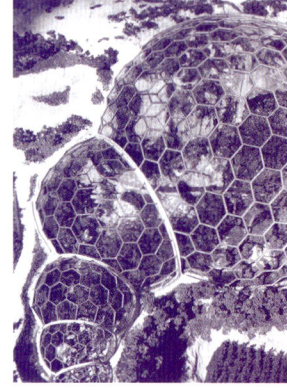

그림 14

Nicholas Grimshaw & Partners, Eden Project, Bodelva, St Austell, Cornwall, UK, 2001

The Contemporary Garden, New York: Phaidon Press Limited, 2009, p.91

그림 15

Lawrence Halprin, Lovejoy Plaza, Portland, Oregon, 1965

Urban Encounters: Art Architecture Audience, Institute of Contemporary Art, University of Pennsylvania, 1980, p.22

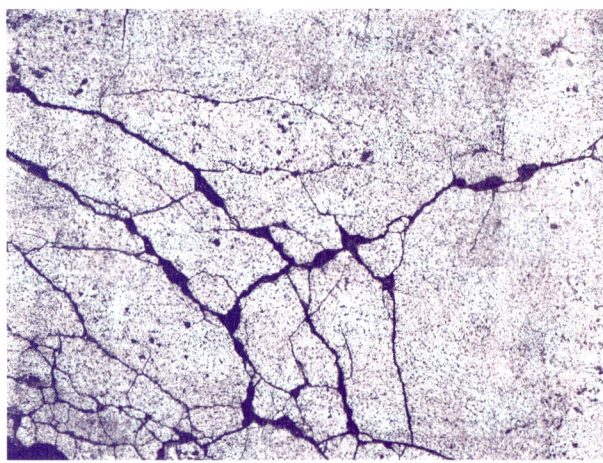

그림 16 배경그림

Cracks form a variety of branching patterns

Philip Ball, Branches, New York: Oxford University Press, 2009, p.76

그림 17
Crystal Growth
Gyorgy Kepes, op. cit., 1956, p.133

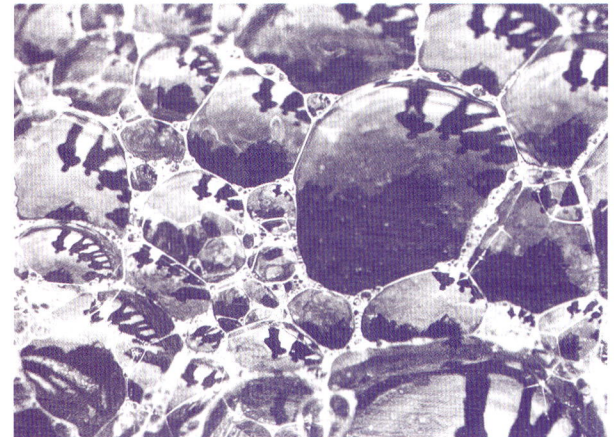

그림 18
Bubbles
David Pearson, New Organic Architecture, London: Gaia Books Limited, 2001, p.60

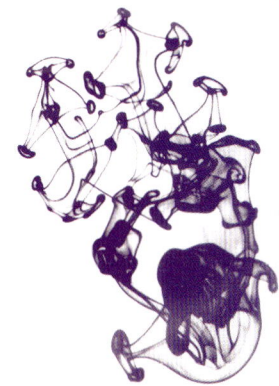

그림 19
Falling Drops,
ink in water
Gyorgy Kepes, op. cit., 1956, p.210

IMAGE
INDEX

02.
공간
디자이너
?

pp. 50 - 85

01
PRESERVATION

그림 21
Hans Hollein,
Schullin Jewellery, 1972

그림 22
Hans Hollein,
Haas – Haus, 1990

그림 20
Hans Hollein, Michaeler Platz,
Vienna, Austria, 1992

오스트리아 빈의 수도정비 공사
중 발견된 로마유적을 보존의 수
법을 통하여 디자인 한 작품.

그림 23
Hans Hollein, Abteiberg Museum, 1982
www.wikipedia.com

그림 25
장태환,
드라마 베토벤 바이러스 세트,
2008

그림 26
장태환, 영화 레드아이 세트, 2005
http://www.cinecine.co.kr/

02
REFLENISHMENT

그림 24
장태환, 상고제_
드라마 개인의 취향 세트, 2010

미술감독이자 스타일리스트인 장태환이 설계. 전통한옥의 장점을 현대화하여 생활공간과 실내정원, 테라스, 연못 등을 조화롭게 구성함.

http://www.imbc.com/include/interstitial_Ad.html

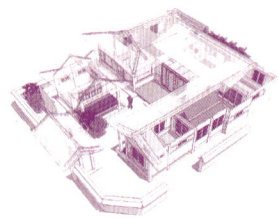

그림 27
장태환, 상고제_
드라마 개인의 취향 세트, 2010
http://www.imbc.com/include/
interstitial_Ad.html

그림 28
장태환,
드라마 내조의 여왕 세트, 2009

그림 30
Ron Arad, Well Teimpered
Chair, 1986
http://arttattler.com/

그림 31
Ron Arad, Bookworm, 1993
http://www.artinfo.com/news/
story/32126/ron-arad/

그림 32
Ron Arad, Tel-Aviv Opera
House, 1994
http://popattractions.com

03
CONSUMING

그림 29
Ron Arad, Duomo Hotel,
Rimini, Italy, 2006

건축의 외피를 공간내부로
끌어들여 인테리어와 통합,
론아라드의 감각적인 조형들이
함께 어우러져
그만의 공간감을 표현함.

그림 33
Ron Arad, Y´s Store, 2003

그림 34
Ron Arad, Ripple Chair, 2005
http://arttattler.com/

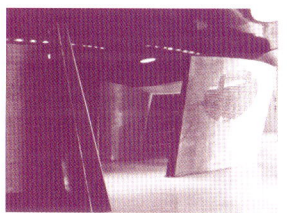

그림 35
Ron Arad, Design Museum Holon, 2009

그림 36
정보원, 투명함, 서울, 2008
청계천의 마지막 다리 고산자교에 옆에 위치한 공공미술 작품.
우리 국토를 두발로 걸어 지도를 완성한
고산 김정호의 발품을 공간적으로 재해석.
http://www.citygalleryproject.org/

그림 37
정보원, 88올림픽 성화도착
기념조형, 1987-1988
http://shindonga.donga.com/
docs/magazine/shin

그림 38
정보원, 한국산업은행 환경조각
, 2000-2001

05
UNDERGROUND

그림 40
Ingo Maurer, Münchner Freiheit, Germany, 2009
뮌헨시에서도 가장 번잡한 환승역인
문흐너 프라이하트역의 리노베이션 프로젝트.
역사적 건축물이 많은 지상과 달리,
지하공간에 빛과 색을 부여하여 현대적 공간을 창조.

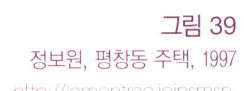

그림 39
정보원, 평창동 주택, 1997
http://lemontree.joinsmsn.
com/article

그림 41
Ingo Maurer, Bulb, 1966

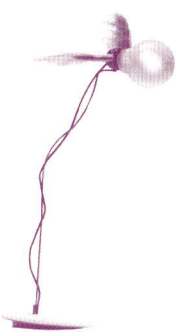

그림 42
Ingo Maurer, Lucellino, 1992

그림 43
Ingo Maurer,
Wo bist du, Edison…?, 1997
http://www.ingo-maurer.com/

그림 44
Ingo Maurer, Zettle' z 5
Chandelier, 1997
http://www.ingo-maurer.com/

그림 45
Ingo Maurer, Münchner
Freiheit, Germany, 2009
http://www.ingo-maurer.com/

그림 46
Marc Newson, Aquariva, 2010
이딜리아 보트제조사 리바(Riva)의
클래식 모델 '아쿠아라마(Aquarama)'를
미크뉴슨이 재해석한 작품으로 22대만 한정생산 됨.

그림 47

Marc Newson, Pod Watches, 1986

그림 48

Marc Newson, Super Guppy, 1987

그림 49

Marc Newson, Embryo chair, 1989

그림 50

Marc Newson, Qantasa Airways, 2002

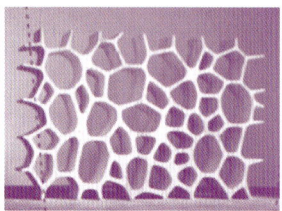

그림 51

Marc Newson, Gagosian gallery, 2007

그림 52

Marc Newson, Aquariva, 2010

07 PUBLIC

그림 53

Daniel Buren, Les deux plateux, Paris, France, 1986

파리 파레루알라 궁전의 안뜰에 다양한 높이를 지닌 260개의 짧은 줄무늬 기둥을 공간적으로 배치한 작품.

그림 54
Daniel Buren, Peinture aux formes indefinies, 1966

그림 57
Daniel Buren, Untitled 14, 2005

그림 58
Daniel Buren, Les deux plateux, 1986

08
RELATIONAL

그림 55
Daniel Buren, Peinture-Sculpture, 1971

그림 56
Daniel Buren, Catc, 1987

그림 59
Gregory Lasserre, Light Contacts, 2009
그레고리 라세르와 설치미술가 아나이스(Anais)의 듀오 디자인팀인 Scenocosme의 작품. 두명 이상의 사람이 피부로 접촉을 하면 빛과 소리로 반응한다.
http://www.rhiz.ou/

그림 60
Gregory Lasserre,
Musees, 2006

http://www.rhiz.eu/

그림 61
Gregory Lasserre,
Fees d' Hiver, 2006

http://www.rhiz.eu/

그림 62
Gregory Lasserre, Lyon, 2006

http://www.rhiz.eu/

그림 63
Gregory Lasserre,
Kimapetra, 2008

http://www.rhiz.eu/

그림 64
Kurt Hentschlager, Zee, 2006

안개로 가득찬 방에 들어가 17분 동안 빛과 소리를 온몸으로 느끼며 몽환적 분위기를 체험할 수 있는 설치작품.

http://www.epidemic.net/en/

그림 65
Kurt Hentschlager,
Fine art, 1983
http://www.epidemic.net/en/

그림 66
Kurt Hentschlager,
Modell 3, 1992
http://www.epidemic.net/en/

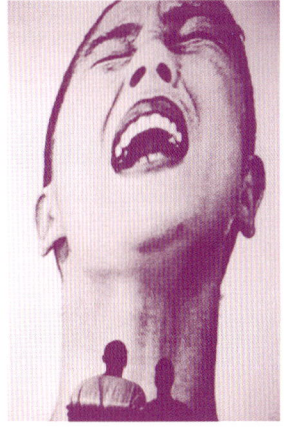

그림 67
Kurt Hentschlager,
Modell 5, 1995
http://www.epidemic.net/en/

그림 68
Kurt Hentschlager, Feed, 2006
http://www.epidemic.net/en/

10
TEMPORAL

그림 69
Zhang Yimou, Opening Ceremony of Beijing Olympic, 2008
2008년 베이징 올림픽에서 선보인 총감독 장예모의 개막식.
환상적인 빛과 색의 퍼포먼스로
세계인에게 강인한 인상을 남겼다.

그림 70
Zhang Yimou, Keep Cool, 1997

그림 72
Zhang Yimou, Turandot, 1989

그림 73
Zhang Yimou,
Impression sanjie liu, 2008

그림 71
Zhang Yimou,
Red Sorghum, 1989

그림 74
Zhang Yimou,
Opening Ceremony of Beijing Olympic, 2008

11
PERMANENT

그림 75

James turrell, Sky space, 2006

하늘의 모습을 간결한 구도의 마름모꼴 천장 속에 넣어
하늘과 투사된 빛의 변화를 체험할 수 있는 영구 설치작품.

그림 76
James turrell,Tiny Town, 1976
http://www.albrightknox.org/

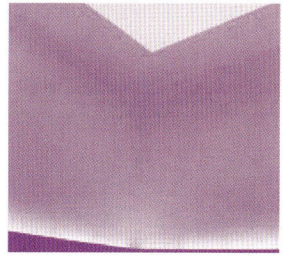

그림 77
James turrell, Meeting, 1986

그림 78
James turrell,
The Light Inside, 1999

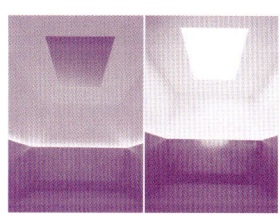

그림 79
James turrell,
Sky space, 2006

그림 80
James turrell,
Roden Crater Dawn, 2006
http://www.albrightknox.org/

12
FIXED

그림 81

Masamichi Katayama, The soho, Tokyo, Japan, 2009

일은 곧 놀이라는 인식에서 출발하여
도쿄의 워크스타일을 새롭게 해석한 상업 인테리어.
외부는 모노톤이나 내부는 다양한 연출을 통하여 개성있게 표현함.

그림 82

Masamichi Katayama,
Dress hanger, 1996
http://wonder-wall.com/#project

그림 83

Masamichi Katayama,
Designer's Block, 2000
http://wonder-wall.com/#project

그림 84

Masamichi Katayama,
Looking for PRAVDA, 2004
http://wonder-wall.com/#project

그림 85
Masamichi Katayama,
Uniqlo soho, 2006
http://wonder-wall.com/#project

그림 86
Masamichi Katayama,
Nike, 2009
http://wonder-wall.com/#project

그림 87
Masamichi Katayama,
The soho, 2009
http://wonder-wall.com/#project

13
FLUX

그림 88
Hani Rashid, The yas hotel, Abu dhabi, UAE, 2009
유기적 형태를 이루는 프레임과
다이아몬드 형태의 유리로 마감된 야즈호텔.
바람에 의한 경관변화가 입면에 투영되어 유동적인 착시를 일으킴.
http://www.asymptote.net/

그림 89
Hani Rashid, Eyebeam, 2001
http://www.asymptote.net/

그림 90
Hani Rashid,
Floride pavilion, 2002
http://www.asymptote.net/

그림 91
Hani Rashid,
Desktop Archotecture, 2006
http://www.asymptote.net/

그림 92
Hani Rashid,
The yas hotel, 2009
http://www.asymptote.net/

그림 93
Seoul Metropolitan Goverment, Design Seoul Guidelines, 2009
공공시설물, 시각매체, 공공공간, 공공건축, 도시경관에 이르기까지
도시디자인행정에 필요한 전 영역을 아우르는
서울시의 종합 디자인가이드라인.

그림 94
Seoul Metropolitan
Goverment,
directed by Kwon,
City Symbol_Haechi, 2008
http://design.seoul.go.kr/

그림 97
Seoul Metropolitan
Goverment,
Retaining Wall, 2009
http://design.seoul.go.kr/

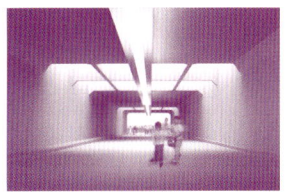

그림 95
Seoul Metropolitan
Goverment,
Hangang CPTED Project,
2008
http://design.seoul.go.kr/

그림 98
Seoul Metropolitan
Goverment,
Subway Platform, 2009
http://design.seoul.go.kr/

그림 96
Seoul Metropolitan
Goverment,
Seoul Font, 2008
http://design.seoul.go.kr/

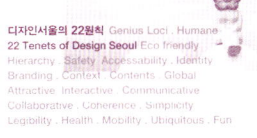

그림 99
권영걸, 서울을 디자인한다, 2010

IMAGE INDEX

04.
공간
디자인의
미래

pp. 118 - 149

101
01
DIGITAL

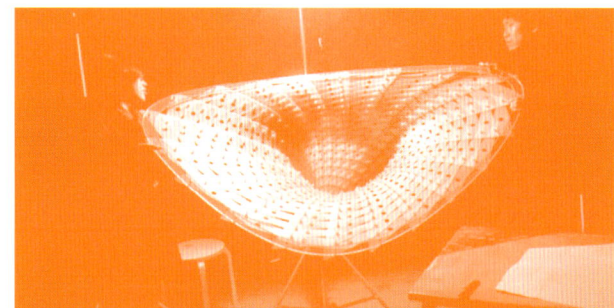
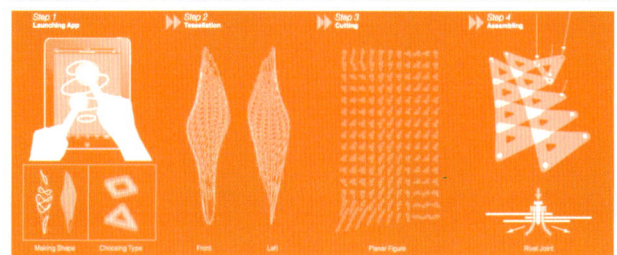

그림 100
Chae Jungwoo, Data Plasticity, 2010
모델링을 위한 단계뿐 아니라 시제품의 제작, 시공까지 Algorithmic Modelling 도구인 Grasshopper Plug-in.을 활용한 실험적 조형

그림 101
J. Mayer H. , A. WAY, Architecture, 2010
2010년 아우디 미래도시 어워드(Audi Urban Future Award 2010)의 수상작으로 인간-자동차-도시 간 경계가 없는 새로운 어바니즘의 개념을 제안한 작품.
http://www.jmayerh.de/

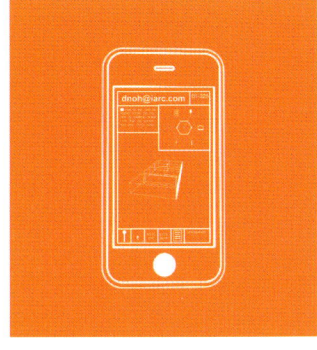 

그림 102
Ha Taesuk, Uncategorized Differential Life Integral City, 2010

시민들이 스마트폰 어플리케이션을 통해 자신의 라이프스타일에 대한 정보를 입력함으로써
도시 및 건축 설계과정에 참여하는 개념의 실험적 설계프로세스.

02
CULTURE

그림 103
Kim Kaichun, Jungto sa_Temple of Paradise, 1999

법당의 공간배치와 자연과의 조화를 통하여 불교사찰이 담아야 할
지극함의 세계를 표현하고, 현대적 감각으로 불교의 정신성을 전승하는
공간디자인을 제시한 작품.

그림 104

Peter Zumthor, Brother Klaus
Field Chapel, 2007

클라우스 형제의 순교를 기념하기
위한 예배당으로 주변에서 채취한
통나무로 내부를 형성한 후 내부
에 불을 지펴 목재를 소거시키는
과정을 통하여 완성됨.
그을음의 질감과 냄새를 통하여
사람들은 회복의 메시지를 얻고
치유를 경험할 수 있다.

그림 105

Kyu Che, Lifepod, 2008

첨단 항공소재로 이루어져 누구나 쉽게 조립하고 쉽게 이동이 가능하며,
개인 계정의 등록을 통하여 자신에게 최적화된 서비스를 제공받을 수
있는 미래의 유목 생활을 위한 휴대용 개인전용 공간.

http://www.kyuche.com/

03
BIO

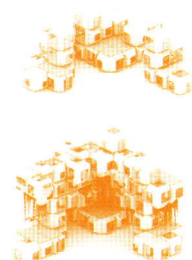

그림 106
Howeler + Yoon Architecture and Squared Design Lab, Eco-Pod, 2010

Eco-Pod는 독립된 유닛으로 이루어져 있으며, 다양한 조합을 통하여 수직-수평으로 확장 가능한 재배환경을 제공. 각각의 유닛은 식물 생장에 필요한 최적의 환경을 제공하여 저비용 고효율의 경작이 가능하다.

Utopia Forever, Visions of Architecture and Urbanism, gestalten, Berlin, 2011, pp 182-183

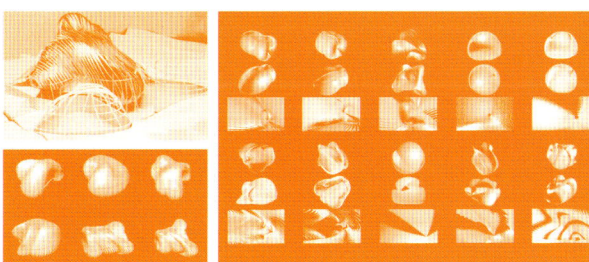

그림 107
Greg Lynn, Embryologic Housing, 1998

라이프스타일, 사이트, 기후, 건설방법, 재료, 공간적 영향, 기능적 요구, 미적영향과 같은 정보에 의해 다양하게 변이되는 형태생성을 보여주는 실험적 프로젝트.

http://www.sfmoma.org/explore/collection/artwork/

그림 108
Ecovative design, Eco cradle, 2010

쌀겨, 목화조각과 같이 식물로부터 식량 및 원료를 얻고 난 후 발생하는 부산물과 버섯의 균사로 이루어져 100% 자연분해가 가능한 유기소재로 포장재, 선박, 건축용 자재로 활용됨.

http://www.ecovativedesign.com

04
NANO

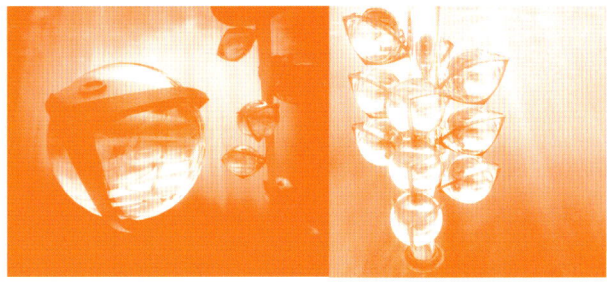

그림 110

Alanna Howe, Alexander Hespe, Syph_The Oceanic City, 2010

2010년 베니스 건축 비엔날레
the 12th International Architecture Biennale 2010 에 선보인
새로운 개념의 수중 도시.
기존 도시들의 과밀화된 인구를 수용하는 동시에
식량, 에너지를 자체적으로 합성, 생산할 수 있다.

Utopia Forever. Visions of Architecture and Urbanism,
gestalten, Berlin, 2011, pp.82-83

그림 109

Agustin Otegu,
Nano Vent-Skin, 2008

마이크로 단위의 미세한 터빈이
공기의 흐름과 햇빛을 통해
스스로 에너지를 합성하고
변형, 전달할 수 있는 특수소재.
건물이나 시설의 외장재로
활용되어 탄소배출 없는 공간을
형성할 수 있다.

http://nanoventskin.blogspot.com/

저자소개

| 권영걸 Kwon, Young Gull |

서울대학교 미술대학 응용미술학과, 서울대학교 환경대학원 환경조경학과 수료. 미국 캘리포니아대학(UCLA) 디자인학 석사, 고려대학교 건축공학 박사학위를 받았다. 서울대학교 미술대학 학장, 서울시 부시장 겸 디자인서울총괄본부장, (사)한국공공디자인학회 초대회장 역임. 현재 서울디자인재단 이사장, 국회공공디자인포럼 공동대표, 대통령 직속 녹색성장위원회 위원이며, 서울대학교 디자인학부 공간디자인 교수이다.

| 김주미 Kim, Joomi |

이화여자대학교 장식미술학과에서 실내환경디자인 학사, 동대학원에서 환경디자인 전공으로 석사를, 홍익대학교에서 공간디자인 전공으로 박사학위를 받았다. 계선인터내셔널에서 디자이너로 활동하였으며 현재, 원광대학교 디자인학부 공간환경·산업디자인전공 교수로 재직 중이다.

장기윤 Chang, Kiyoon

서울대학교 건축학과에서 건축학 학사, 서울대학교 환경대학원에서 도시, 조경디자인 전공으로 석사를, 미국 University of Minnesota에서 건축학 전공으로 석사학위를 받았다. 에코프랜드, 제일기획, 나비아트센터, 서울대학교 디자인학부 등에서 다양한 실무경험과 교육활동을 하였으며 현재 성신여자대학교 미술대학 산업디자인과 공간디자인전공 교수로 재직 중이다.

채정우 Chae, Jungwoo

서울대학교 산업디자인학과에서 학사, 동대학원에서 디자인학 석사와 박사를 받았으며 미디어스페이스 디자인 전문회사 (주)씨에이플랜을 운영하였다. 2010년 IF디자인어워드, Red dot 디자인어워드, IDEA 디자인어워드 환경디자인분야에서 Gold prize를 수상하였으며, 현재 서울대학교 디자인학부 BK교수로 재직 중이다.

이지영 Lee, Jiyoung

한양대학교에서 주거학, 건축공학과 학사, 서울대학교 디자인학부에서 공간디자인 전공으로 석사를, 동대학원에서 박사과정을 수료하였다. (주)한샘 디자인개발부, 서울시 디자인총괄본부의 공간디자인팀, 국민대학교 연구교수로 재직하였다. 현재 서울대학교, 한성대학교, 남서울대학교에서 공간조형, 공간디자인연구 등을 가르치고 있다.